生态文明建设文库

陈宗兴　总主编

绿色金融

黄颖利 等　编著

中国林业出版社

图书在版编目（CIP）数据
绿色金融／黄颖利等编著 .－北京：中国林业出版社，2019.9
（生态文明建设文库）
ISBN 978-7-5219-0196-2

Ⅰ.①绿… Ⅱ.①黄… Ⅲ.①金融业－研究 Ⅳ.①F83

中国版本图书馆 CIP 数据核字（2019）第 167842 号

出 版 人 刘东黎
总 策 划 徐小英
策划编辑 沈登峰 于界芬 何 鹏 李 伟
责任编辑 徐小英 梁翔云
美术编辑 赵 芳
责任校对 梁翔云

出版发行 中国林业出版社有限公司（100009 北京西城区刘海胡同 7 号）
http://www.forestry.gov.cn/lycb.html
E-mail:forestbook@163.com 电话：(010)83143523、83143543
设计制作 北京捷艺轩彩印制版有限公司
印刷装订 北京中科印刷有限公司
版 次 2019 年 9 月第 1 版
印 次 2019 年 9 月第 1 次
开 本 787mm × 1092mm 1/16
字 数 228 千字
印 张 12
定 价 50.00 元

“生态文明建设文库”

总编辑委员会

“生态文明建设文库”
编撰工作领导小组

组　长

刘东黎　成　吉

副组长

王佳会　杨　波　胡勘平　徐小英

成　员

（按姓氏笔画为序）

于界芬　于彦奇　王佳会　成　吉　刘东黎　刘先银　杜建玲　李美芬　杨　波
杨长峰　杨玉芳　沈登峰　张　锴　胡勘平　袁林富　徐小英　航　宇

编辑项目组

组　长：徐小英

副组长：沈登峰　于界芬　刘先银

成　员（按姓氏笔画为序）：

于界芬　于晓文　王　越　刘先银　刘香瑞　许艳艳　李　伟
李　娜　何　鹏　肖基浒　沈登峰　张　璠　范立鹏　周军见
赵　芳　徐小英　梁翔云

特约编审：刘　慧　严　丽

总序

生态文明建设是关系中华民族永续发展的根本大计。党的十八大以来，以习近平同志为核心的党中央大力推进生态文明建设，谋划开展了一系列根本性、开创性、长远性工作，推动我国生态文明建设和生态环境保护发生了历史性、转折性、全局性变化。在“五位一体”总体布局中生态文明建设是其中一位，在新时代坚持和发展中国特色社会主义基本方略中坚持人与自然和谐共生是其中一条基本方略，在新发展理念中绿色是其中一大理念，在三大攻坚战中污染防治是其中一大攻坚战。这“四个一”充分体现了生态文明建设在新时代党和国家事业发展中的重要地位。2018 年召开的全国生态环境保护大会正式确立了习近平生态文明思想。习近平生态文明思想传承中华民族优秀传统文化、顺应时代潮流和人民意愿，站在坚持和发展中国特色社会主义、实现中华民族伟大复兴中国梦的战略高度，深刻回答了为什么建设生态文明、建设什么样的生态文明、怎样建设生态文明等重大理论和实践问题，是推进新时代生态文明建设的根本遵循。

近年来，生态文明建设实践不断取得新的成效，各有关部门、科研院所、高等院校、社会组织和社会各界深入学习、广泛传播习近平生态文明思想，积极开展生态文明理论与实践研究，在生态文明理论与政策创新、生态文明建设实践经验总结、生态文明国际交流等方面取得了一大批有重要影响力的研究成果，为新时代生态文明建设提供了重要智力支持。“生态文明建设文库”融思想性、科学性、知识性、实践性、可读性于一体，汇集了近年来学术理论界生态文明研究的系列成果以及科学阐释推进绿色发展、实现全面小康的研究著作，既有宣传普及党和国家大力推进生态文明建设的战略举措的知识读本以及关于绿色生活、美丽中国的科普读物，也有关于生态经济、生态哲学、生态文化和生态保护修复等方面的专业图书，从一个侧面反映了生态文明建设的时代背景、思想脉络和发展路径，形成了一个较为系统的生态文明理论和实践专题图书体系。

中国林业出版社秉承“传播绿色文化、弘扬生态文明”的出版理念，把出版生态文明专业图书作为自己的战略发展方向。在国家林业和草原局的支持和中国生态文明研究与促进会的指导下，“生态文明建设文库”聚集不同学科背景、具有良好理论素养的专家学者，共同围绕推进生态文明建设与绿色发展贡献力量。文库的编写出版，是我们认真学习贯彻习近平生态文明思想，把生态文明建设不断推向前进，以优异成绩庆祝新中国成立70周年的实际行动。文库付梓之际，谨此为序。

十一届全国政协副主席
中国生态文明研究与促进会会长　陈宗兴

2019年9月

前 言

我国“十三五”发展规划和《生态文明体制改革总体方案》明确提出要坚持绿色发展，构建绿色金融体系。发展绿色金融是实现绿色发展的重要推动力量，也是供给侧结构性改革的重要内容。2017年6月，国务院常务会议确定在浙江、江西、广东、贵州、新疆等五省（自治区）的部分地区开展绿色金融改革创新试验区建设。这既是中国决心转变经济发展方式的重要体现，也是应对气候变化、落实《巴黎协定》的具体措施，体现了中国作为大国的国际责任。

2016年，中国人民银行、财政部等七部委联合印发了《关于构建绿色金融体系的指导意见》（以下简称《指导意见》）。这一《指导意见》的出台，不仅动员和激励更多社会资本投入到绿色产业，同时更有效地抑制污染性投资；政府在适当领域运用公共资金给予激励；推动金融机构和金融市场积极稳妥地加大金融创新力度。

此外，绿色金融已是二十国集团(G20)的一个重要议题。在我国的倡议下，绿色金融2016年首次被纳入G20议程，并形成了G20绿色金融综合报告，明确列举了发展绿色金融的七条可选措施，为未来全球绿色金融发展提供了重要参考。据了解，在此背景下，本书指出了绿色金融的基本概况和政策解析，并阐述了英国、美国和德国成功的绿色金融案例，是中国发展绿色金融的有益经验；我国是全球仅有的三个建立了绿色信贷指标体系的经济体之一，2016年以来，我国绿色债券市场快速发展，已成为全球最大的绿色债券市场。随着《指导意见》的出台，我国将成为全球首个建立了比较完整的绿色金融政策体系的经济体。在中国建立绿色银行体系迫在眉睫，同时建立绿色产业发展基金也势在必行。绿色证券机制、绿色保险制度、绿色投资者网络都是有助于中国整体经济健康发展的必要内容，并对当下的热点碳金融做了简要的分析和阐述。

本书由黄颖利教授提出整体思路，由宋玥、常春媛和秦会艳三位老师共同完成编著。其中，宋玥主要负责第一章、第二章和第五章的编写工作，常春媛主要负责第三章和第四章的编写工作，秦会艳主要负责第六章、第七章和第八章的编写工作。在书稿的编写过程中，黄颖利教授和其他三位老师对于章节的设置和章节内容的选择，多次进行沟通，反复进行修改。在书稿的校对过程中，研究生孙作璞做了大量的工作。另外，本书在出版过程中，得到了中国林业出版社徐小英编审的帮助和支持，在此对大家辛苦的付出表示感谢。由于时间仓促，本书错误在所难免，欢迎读者指正。

编著者

2019 年 7 月 8 日

目录

第一章

绿色金融的概况、趋势与政策

第一节　G20峰会下绿色金融概况

一、绿色金融的产生和基本概念

绿色金融的概念在《美国传统词典》中被定义为：它是实现金融可持续发展的一种金融营运战略，通过金融部门将环境保护作为基本国策，借助金融业务的运作，实现经济的可持续发展战略，达到环境资源保护和经济协调发展的目的，由绿色信贷、保险和证券构成其基本形式。绿色金融是基于环境保护和可持续发展的背景提出的。最初在1970年，世界银行首次设立环境事务顾问，重视环境问题的影响。随后，联合国人类环境会议于1972年在瑞典斯德哥尔摩举行，并于1992年在巴西里约热内卢举办联合国环境与发展大会，会议通过了联合国《气候变化框架公约》和《生物多样化公约》。

随着G20第十一次峰会的召开，作为轮值主席国，中国首次将“绿色金融”纳入峰会重点议题。由于各个国家和地区绿色金融提出的时间和对其含义的理解不同，关于绿色金融的概念目前还没有统一的认识和界定，但已有一些机构和学者在尝试对绿色金融提供较为明确的定义。

G20绿色金融研究小组认为，绿色金融是一种投融资活动，这种投融资活动能通过环境效益的产生而达到支持可持续发展的目的，可以将减少空气、水和土壤污染，提高资源使用效率，降低温室气体排放，减缓和适应气候变化及协同效应等作用囊括于环境效益之中。

国务院发展研究中心“绿化中国金融体系”课题组对绿色金融进行了狭义和广义的区分，认为狭义的绿色金融侧重过程，用来评估环境管理、生命周期的影响，侧重重点行业、技术以及问题；而广义的绿色金融则侧重于目的，是以形成有助于可持续发展的金融系统为目的，以对经济转型、稳定、增长等产生实际影响为实质的。

我国七部委将绿色金融定义为“为支持环境改善、应对气候变化和资源节约高效利用的经济活动，即对环保、节能、清洁能源、绿色交通、绿色建筑等领域的项目投融资、项目运营、风险管理等所提供的金融服务”。

中国人民银行研究局首席经济学家马骏认为，绿色金融是指一类有特定绿色偏好的金融活动，金融机构在投融资决策中充分考虑环境因素的影响，并通过一系列体制安排和产品创新，将更多资金投向环境保护、节能减排、资源循环利用等可持续发展的企业和项目，同时降低对污染性和高能耗企业及项目的投资，以促进经济的可持续发展，在本质上是一系列金融工具、市场机制和监管安排的加总。

尽管各国对“绿色”的定义有所差异，但绿色投资的项目分类大体上是相同的，包括环保、节能、清洁能源、清洁交通、清洁建筑等具有环境效益的项目。另外，需要着重强调绿色金融体系的概念，它是指通过贷款、私募投资、发行债券和股票、保险、碳金融等金融服务将社会资金引导到绿色产业发展中的一系列政策和制度安排。在中国，建立绿色金融体系的主要目的是提高绿色项目的投资回报率和融资的可获得性，同时抑制对污染性项目的投资。构建绿色金融体系，不仅有助于加快我国经济向绿色化转型，支持生态文明建设，也有利于促进环保、新能源、节能等领域的技术进步，加快培育新的经济增长点，提升经济增长潜力。建立健全绿色金融体系，需要金融、财政、环保等政策和相关法律法规的配套支持，通过建立适当的激励和约束机制解决项目环境外部性问题。同时，也需要金融机构和金融市场加大创新力度，通过发展新的金融工具和服务手段，解决绿色投融资所面临的期限错配、信息不对称、产品和分析工具缺失等问题。

二、在G20峰会框架下发展绿色金融的重要性

“绿色”与“金融”的有机结合，不仅标志着经济发展理念的转型升级，更将全面改善全球金融系统安全、结构性改革和绿色经济发展的制度架构与功能机制。

（一）绿色金融是全球金融系统安全的前瞻保障

自全球金融危机暴发以来，系统性风险的防范成为各国金融监管改革的重点，宏观审慎监管等政策工具得到了二十国集团的积极推广。但是，后顾性的

经验总结难以覆盖新型风险，金融系统的安全还需前瞻性的保障。学术研究表明，随着全球生态系统的日益恶化，自然环境和资源的非预期波动将产生新型的环境风险，并对经济金融系统产生严重冲击。

这一环境风险的传导路径可以分为“三步走”：第一，自然环境的波动会对实体企业造成诸多负面影响，例如原料短缺、需求不足等，从而引起实体经济的运营风险。第二，当实体经济受到冲击，相关金融资产的价格也将出现波动，进而将风险传导至各类金融机构，形成金融市场风险。第三，上述负面冲击通过资源价值重置、全球供应链、国际资本流动等渠道，得到进一步扩散，将触发系统性风险。面对新型环境风险，传统政策工具收效甚微，只有对症下药才能防患于未然。

G20杭州峰会上，中国倡导的绿色金融正是这一前瞻性的药方。通过绿色金融体系，潜在的环境风险将得到合理量化和定价，进而纳入到金融机构的微观决策之中。绿色评价机制将成为宏观审慎监管的重要部分，以正确评估和管理环境因素引致的系统性风险。2016年以来，在中国人民银行绿色金融专业委员会的推动下，中国银行业的环境风险压力测试已取得初步成果，开创性地提出了环境风险的量化方法和管理体系。借助G20杭州峰会的历史契机，这些成果正在引领全球环境风险的研究与防范。

（二）绿色金融是全球经济结构性改革的强力引擎

近年来，全球经济弱复苏趋势已成常态，各国刺激政策的作用日益衰减。为了促使全球经济重返长期增长的轨道，推进和深化结构性改革迫在眉睫。在这一过程中，绿色金融体系能够优化资源的配置方向与效率，促进对经济结构的战略性调整，并寻找出新的经济增长点。

一方面，绿色金融产生“引导效应”。利用价格手段，绿色金融产品（绿色信贷、绿色债券等）改变了不同行业的融资成本、方式与便利性，从而引导金融资本配置到绿色低碳产业。

另一方面，绿色金融产生“挤出效应”。借助于金融交易的资产定价功能，绿色金融市场（排放权交易市场等）能够实现负外部性的内部化，将环境成本纳入资源价格，迫使要素生产率低下、环境成本高的部分产业缩减规模、退出市场。

上述效应的充分发挥，需要配套的制度安排和市场建设，而中国的实践步伐已走在世界前列。制度方面，2016年8月31日，中国人民银行等七部委联合印发了《关于构建绿色金融体系的指导意见》，进一步明确了绿色金融体系的构建目的、发展途径与监管模式。此外，中国人民银行和英格兰银行共同主持的研究小组已向G20杭州峰会提交《G20绿色金融综合报告》，以促使各国在绿色金融议题上达成共识。市场方面，银保监会公布的数据显示，截至2018年7月末，我国绿色信贷余额已经超过9万亿元，绿色信贷占比已上升至9%。2018年，符合国际绿色债券定义的中国发行额达到2103亿人民币（约合312亿美元），占全球发行量的18%，为全球第二大绿色债券发行国。2017年，中国碳排放权交易市场已经启动，截至2018年年底，我国碳排放交易量累计接近8亿吨，交易额累计超过110亿元。

（三）绿色金融是全球绿色经济发展的破局关键

近年的政策实践表明，国际合作的缺失已成为制约全球绿色经济发展的主要瓶颈。首先，节能减排、生态保护等绿色经济政策具有跨越国家的外部性。在当前全球贸易保护主义、民粹主义和孤岛主义泛滥的背景下，国际合作的不足会加剧各国间的环境利益博弈，催生“搭便车”、以邻为壑的现象，挫伤各国落实绿色经济政策的积极性。其次，全球绿色经济的发展资源存在明显错配。发展中国家具有发展绿色经济的现实需求和强烈意愿，绿色投资空间巨大，但是在资金来源和技术储备上往往不足。发达国家富有资金和技术，但是缺少绿色投资的机会和技术输出的动机。唯有疏通国际合作的渠道，才能实现两方资源的高效匹配。

针对以上瓶颈，中国在G20杭州峰会顺势而为，以绿色金融突破合作困局。一方面，中国行动凝聚世界共识。本次峰会前夕，中美共同交存了《巴黎协定》批准文书。由此，参加《巴黎协定》的国家上升为26个，所占全球排放量份额从1%左右骤升至39%左右，协定生效的进程大幅加快。此举向全球释放了强烈的政策信号，坚定了各国携手发展绿色经济的信心。另一方面，中国智慧汇集全球合力。《关于构建绿色金融体系的指导意见》率先提出，将在G20框架下加强绿色金融的国际合作，撬动民间资本，支持相关国家的绿色投资；通过绿色证券市场的双向开放，引导绿色投资的跨国配置，鼓励设立合资绿色发展基金。类似的构想在《G20绿色金融综合报告》中也有所体现。这些制度设计将打破全球绿色经济资源的错配格局，为各国的广泛合作奠定切实的机制基础。

三、绿色金融所面临的障碍

G20绿色金融研究小组对银行绿色化、债券市场绿色化和机构投资者绿色化等议题进行了专题研究。绿色金融研究小组的专家估计，目前绿色金融（包括绿色信贷、绿色债券、其他绿色投资）占全球金融活动的比重还非常低。例如，根据一些国家对绿色信贷的本地定义，只有5%～10%的贷款余额是绿色贷款；全球只有不到1%的债券是贴标的绿色债券。考虑到绿色发展的巨大资金需求，全球每年需投入几万亿美元，因此绿色金融的发展前景十分广阔。而绿色金融发展的关键是识别和克服所面临的挑战。

G20绿色金融研究小组分析了绿色金融面临的五大障碍，包括外部性、期限错配、信息不对称、绿色定义缺失和缺乏分析能力。下面简要描述这些障碍，以及金融体系为克服这些障碍而采取的一些措施。

(一) 外部性

绿色金融面临的最大挑战是如何有效地内化环境外部性。这种外部性可以是绿色项目带来环境改善的正外部性，也可以是污染项目带来环境损害的负外部性。内化环境外部性的困难会导致“绿色”投资不足和“棕色”投资过度。下面通过三个例子来体现为克服外部性而采取的措施（例一、例二体现正外部性，例三体现负外部性）。

【例一】 清洁能源项目可能比传统能源项目的建设成本更高，若缺少激励措施，将导致项目回报过低，因此难以吸引私人投资。一些国家用补贴、税收抵免、电价补贴、碳交易和环境保护政策等来应对这些外部性，但在一些国家仍然尚未达到对清洁能源投资的足够激励。与此同时，有些国家已在金融领域推出包括增信和担保、优惠贷款、利率补贴和项目补贴等措施，以改善这些项目经风险调整后的回报率。

【例二】 污水处理或土壤修复项目可以改善社区生活质量和区域内物业的市场价值。但是，如果没有适当的机制将这些正外部性货币化，该项目就可能不会产生足够的收益，因此难以吸引私人资本。为解决这些问题，有些国家采用了政府与社会资本合作（PPP）的方式，比如在污水处理和土壤修复项目中引入房地产开发商。物业项目的超额回报（来自未来环境的改善）被用于补偿绿色项目投资。类似的商业模式已经用于部分国家和地区，如通过与地铁站附近住宅和商业地产捆绑，对地铁项目（清洁交通）进行补贴，而后者能够提高前者的市场价值。

【例三】 有些制造业企业会污染环境，但是它们的负面外部性没有被充分内部化。比如，如果区域内居民健康状况受到损害，却由于种种原因不能向污染企业索赔，就会纵容污染企业的过度投资和生产。这种情况在那些环境权益尚未被有效界定和环保政策执行能力较弱的国家尤其常见。近年来，通过金融措施来应对类似负面外部性的案例越来越多。比如银行业的“赤道原则”和许多证券交易所对上市公司提出的环境信息披露要求等，都在一定程度上抑制了污染性投资，从而达到了将部分环境外部性内生化的功能。

（二）期限错配

在不少国家，由于资本市场不发达，许多长期基础设施项目主要依靠银行贷款。而银行由于需要避免过渡期限错配，因此难以提供足够的长期贷款。在全球几个主要市场，银行的平均贷款期限只有两年左右。这就造成了长期资金供给不足的局面，使得一些长期性的项目面临融资难且融资贵的难题。在绿色项目中，许多都是长期项目，包括污水和固废处理、清洁能源、清洁交通（如地铁和轻轨）等，因此也面临着期限错配所导致的融资约束。

在某些情况下，同一部门下的绿色项目比非绿色的传统项目往往更加依赖长期融资，因此期限错配的问题愈加严重。比如，建设一栋节能建筑的前期成本高于普通建筑；与火电站相比，建设太阳能或风能电站的前期资本支出占比更高。对于火电站，项目生命周期的全部成本中很大一部分是用于购买能源的开支，短期融资即可满足需求；而对于可持续性建筑、风能或太阳能项目，情况则不同。

金融部门创新可以帮助缓解由于期限错配带来的问题。这些方法包括发行绿色债券、通过设立绿色基础设施投资收益信托进行融资，以及用未来绿色项目收入作为抵押取得贷款等。

（三）绿色定义的缺失

如果缺乏对绿色金融活动和产品的清晰定义，投资者、企业和银行就难以识别绿色投资的机会或标的。此外，缺少绿色定义还可能阻碍环境风险管理、企业沟通和政策设计。因此对绿色金融和产品的适当定义是发展绿色金融的前提条件之一。每个国家的国情和政策重点是不同的，所以目前难以达成对绿色金融活动的统一定义。但是，若定义太多，比如每家金融机构推出一个自己的定义，交易对手之间没有"共同语言"，也会大大增加绿色投资的交易成本。

在中国、孟加拉国和巴西，已经在国家层面上推出了对绿色信贷的定义和指标；国际资本市场协会和中国金融学会绿色金融专业委员会也分别推出了对绿色债券的"国际定义"和"中国定义"。但是不少国家还没有采纳任何一种对绿色金融或对主要绿色资产类别的定义。

（四）信息不对称

许多投资者对投资绿色项目和资产有兴趣，但由于企业没有公布环境信息，从而增加了投资者对绿色资产的"搜索成本"，因此降低了绿色投资的吸引力。此外，即使可以获取企业或项目层面的环境信息，若没有持续的、可以信赖的绿色资产"贴标"，也会构成绿色投资发展的障碍。在一些国家，由于不同政府部门的数据管理较为分散（比如，环境保护部门收集的数据不与金融监管机构和投资者共享），也加剧了信息不对称。

目前，解决信息不对称问题的努力已经取得了一定进展。比如，全球超过二十家证券交易所发布了上市公司环境信息披露要求，若干国家或证券交易所已经开始强制要求上市企业披露环境信息。

此外，还有一类重要的信息不对称，如投资者不完全掌握绿色科技是否在商业上可行的信息，以及绿色投资政策的不确定性。这类问题导致投资者在可再生能源、新能源汽车和节能科技等领域存在强烈的避险意识。

一些国家在绿色金融的实践中探索了多种解决上述问题的办法。这些办法包括政府支持的金融机构（如英国的绿色投资银行）或多边开发银行提供的绿色示范项目（可减少私营部门的避险倾向）、提供清晰的可持续发展政策导向（如马来西亚《国家绿色科技政策》和沙特阿拉伯《2030 愿景》）、开发银行（如德国 KFW）担任绿色债券的基石投资者、由政府机构（如美国能源部）或开发性金融机构（如国际金融公司 IFC）提供绿色信用担保等。

（五）缺乏对环境风险的分析能力

金融机构对于环境因素可能导致的金融风险（包括对机构投资者所持有资产的估值风险和对银行贷款的信用风险）已经开始关注，但其理解仍然处于初级阶段。许多银行和机构投资者由于分析能力不足，无法识别和量化环境因素可能产生的信用和市场风险，因而低估“棕色”资产的风险，同时高估绿色投资的风险。最终结果依然是污染性和温室气体排放较多的项目获得了过多的投资，而绿色项目则面临投资不足的问题。对环境风险进行更加深入的分析，有助于更好地应对风险，更有效地将环境外部性进行内部化，进而有利于动员私人资本加大绿色投资。

近年来，部分金融机构和第三方机构已经开发了一些环境风险分析方法。典型的案例包括中国工商银行开发的环境因素对信贷风险的评估模型、《自然资本宣言》对干旱如何影响债券违约率的分析、英格兰银行对气候因素如何影响保险业的评估，以及评级公司（如穆迪）将环境因素纳入信用评级的做法等。

第二节　绿色金融的国际合作及措施

一、近年来中国绿色金融的发展

随着一些绿色信贷、绿色保险、绿色证券等政策的相继出台，近年来中国绿色金融的相关业务也逐渐发展起来。例如，在2007年7月由环保部、中国人民银行、银监会三部门共同发布的《关于落实环境保护政策法规防范信贷风险的意见》标志着我国正式建立了绿色信贷制度。为了对银行业等金融机构开展绿色信贷、大力促进节能减排以及对环境保护提出明确的要求，银监会在2012年2月发布了《绿色信贷指引》。中共中央国务院在2015年9月发布的《生态文明体制改革总体方案》中首次提出了建立中国绿色金融体系的战略。全国人大在2016年3月通过的《“十三五”规划纲要》中正式提出，中国将“建立绿色金融体系，发展绿色信贷、绿色债券，设立绿色发展基金”。近年来中国绿色金融的发展情况主要表现在以下几个方面。

(一) 绿色信贷

绿色信贷是指投向绿色项目、支持环境改善的贷款。自2007年开始，为了鼓励和倡导金融机构积极进行绿色信贷项目，中国相继出台并制定了一系列的相关政策和文件。绿色信贷的体系框架由以下四部分组成：《绿色信贷指引》《绿色信贷统计制度》《绿色信贷考核评价体系》以及银行自身的绿色信贷政策。最近几年随着对制度的不断完善，绿色信贷进入了一个全面发展的阶段。2013年11月4日，工行、农行、中行、建行、交行等29家银行签署了《中国银行业绿色信贷共同承诺》；在2014年，银行业主要金融机构共同发起并设立了中国银行业协会绿色信贷业务专业委员会；在2015年4月，成立了中国金融学会绿色金融专业委员会。我国绿色信贷余额由2013年的5.2万亿元增长至2018年7月末的9万亿元，2018年7月末的绿色信贷余额占中国全部信贷余额的9%左右。

(二) 绿色债券

绿色债券是募集专项资金支持绿色产业项目的一类债券。中国人民银行在2015年12月22日发布了第39号公告，为了金融机构更好地通过债券市场筹集资金，拓展绿色产业项目的筹资渠道，计划在银行间债券市场推出绿色金融债券。同日，中国金融学会绿色金融专业委员会发布了旨在为发行人提供绿色项目界定标准的《绿色债券支持项目目录》。根据目录要求显示,符合绿债条件的绿色项目被分为了六大类和31小类。其中六大类包括节能、污染防治、资源节约与循环利用、清洁交通、清洁能源、生态保护和适应气候变化。2019年第一季度，来自中国发行人的绿色债券总额达69亿美元（约450亿元人民币），同比骤增44%。然而，其中仅有43%（即29亿美元，约196亿元人民币）与国际定义相一致。全球范围内，与国际定义相符的绿色债券发行总额在2019年第一季度达到了478亿美元，比2018年同期增长了42%。

（三）绿色股票指数及相关产品

中国股票市场上的绿色环保指数主要包括三个大类：可持续发展指数（ESG）、环保产业类指数和碳效率类指数。截至 2019 年 5 月，中证指数公司编制的绿色环保类指数达 24 个，占其编制的 A 股市场指数总数（847 个）的 2.8%。上海证券交易所和中证指数有限公司在 2015 年 10 月 8 日发布了上证 180 碳效率指数，这标志着中国第一只通过计算碳足迹（碳强度）来评估公司绿色表现的指数正式诞生，该指数所显示的碳强度越低，表明上市公司的绿色程度越高。

（四）绿色发展基金

绿色发展基金的特点在于将该基金资产总值的 60%以上投资于绿色环保领域。2015 年 3 月 8 日，首期募集资金为 300 亿元的绿色丝绸之路股权投资基金在北京正式启动。为了给节能环保企业提供更多的融资，浙江省、广东省、云南省和内蒙古自治区等地方政府也纷纷设立了地方绿色发展基金。2009 年，广东设立了绿色产业投资基金，其目的主要用于投入“广东省绿色照明示范城市”项目，基金规模为 50 亿元人民币，总规模达到 250 亿元人民币。此外，还有好多上市公司已经宣布设立环保并购基金。截至 2017 年第三季度末，我国以环境（E）、社会（S）和公司治理（G）为核心的 ESG 社会责任投资基金共计 106 只。内蒙古自治区政府在 2016 年 1 月 13 日通过了《内蒙古环保基金设立方案》，这意味着内蒙古自治区正式成立了环保基金。

（五）绿色保险

中国的绿色保险主要是指环境污染责任保险。环境污染责任保险是指以企业发生污染事故对第三者造成的损害依法应承担的赔偿责任为标的的保险。2014 年，约有 5000 家企业投保环境污染责任保险；2015 年，环境污染责任保险签单数量达 1.4 万单，签单保费 2.8 亿元，提供风险保障金 244.21 亿元；2016 年，环境污染责任保险保费收入近 3 亿元，提供风险保障金 260 多亿元；2017 年，环境污染责任保险为 1.6 万余家企业提供风险保障金 306 亿元。

二、推动绿色金融国际间合作的原因

在组建绿色金融工作小组之前，中国就在多个场合表示，有必要通过包括 G20 等机制加强国际合作，推进绿色金融在全球的发展，理由至少有如下三个。第一，绿色投资具有重要的跨国外部性。比如，一国在绿色投资方面努力，可以降低污染和二氧化碳的排放，从而减少全球生态环境和应对气候变化所面临的压力，其受益者包括本国之外的其他国家。但这种外部性，会涉及一个潜在的“搭便车”问题。如果没有有效的国际合作，“搭便车”可能会成为绿色投资不足的一个原因。相反，有效的国际合作可以提升各国共同推动绿色投资的动力。第二，对许多国家来说，绿色金融涉及比较新的理念和方法，因此国际经验的分享和传播以及相关的能力建设是推动其发展的关键之一。第三，通过绿色资金的跨国合作，可以提升全球绿色投资的水平和能力。比如，欧美国家有许多机构投资者具有绿色偏好，而新兴市场国家的绿色项目有巨大的融资需求。通过双边和多边的国际合作，为这些跨国投资提供便利条件，就可能使原来难以获得资金的绿色项目融得资金，同时也为国际投资者进行可持续投资提供新的“绿色”资产类别。

三、发展绿色金融的可选措施

如果能够有效地克服上述五大障碍，就能在全球范围推动绿色金融的较快发展。我们认识到许多发展绿色金融的选项，包括发展绿色金融产品、风险分析工具和管理方法，这些方法主要依靠金融机构的创新来实现。不过G20、各国政府以及国际组织也可以在强化知识共享和能力建设、提供更强的政策信号和完善绿色金融相关定义等方面起到积极的作用。在我们看来，这些努力将为全球发展绿色金融提供有利的环境。G20绿色金融研究小组在总结各国经验和市场实践的基础上，提出了如下主要可选措施，为动员私人资本开展绿色投资创造有利环境：

第一，提供战略性政策信号与框架：在绿色投资战略框架方面，各国政府可向投资者提供更加清晰的环境和经济政策信号，包括如何具体实施联合国可持续发展目标和《巴黎协议》的设想。

第二，推广绿色金融自愿原则：各国政府、国际组织与私人部门可共同制定、完善和实施可持续银行业、负责任投资和其他绿色金融领域的自愿原则，并评估执行这些原则的进展。

第三，扩大能力建设学习网络：G20与各国政府可推动扩大和强化包括IFC倡导的可持续银行网络（SBN）、联合国责任投资准则（PRI）在内的国际能力建设平台和相关国内机构的作用。这些扩展后的能力建设平台可以覆盖更多的国家和金融机构。

第四，支持本币绿色债券市场发展：对有兴趣发展本币绿色债券市场的国家，国际组织、开发银行和专业市场机构可在数据收集、知识共享与能力建设等方面给予支持。这些支持可包括与私人部门共同制定绿色债券指引和信息披露要求，以及培育绿色债券认证的能力。开发银行也可考虑通过担任基石投资者和进行示范发行来支持本币绿色债券市场的发展。

第五，开展国际合作，推动跨境绿色债券投资：政府和市场主体可通过双边合作来推动绿色债券跨境投资。在合作中，市场参与方可研究设计共同认可的绿色债券投资协议。

第六，推动环境与金融风险问题的交流：G20 和绿色金融研究小组可通过支持交流和对话，推动私人部门和研究机构探讨环境风险问题，包括金融领域如何开展环境风险分析及管理的各种方法等。

第七，完善对绿色金融活动及其影响的测度：基于 G20 和其他国家的经验，G20 和各国政府可推动研究绿色金融指标体系及相关定义，并分析绿色金融对经济和其他领域的影响。

第三节　绿色金融的政策解析

一、国外绿色金融政策简述

（一）美国的绿色金融政策

在美国，很多进出口银行已经制定了环境评估政策，对需要银行贷款的各类项目，必须先进行环境影响的相关评估然后再根据评估结果作出决定。1991 年根据银行业联合会对其下属的 1741 家成员行的调查结果显示，为了避免潜在的环境债务，已经有 62.5%的银行改变了传统的贷款程序，由于担心未来会出现环境问题而终止贷款的银行占比达 45.2%。2009 年由美国制定的联邦经济刺激方案明确规定，对可再生能源技术和电力传输技术的贷款提供担保。按照相关政策规定，一些商业银行例如汇丰银行、渣打银行、美国银行等已经成为碳交易市场的重要参与者。这类商业银行的业务范围将扩展到市场的每一个交易环节并提供贷款给各个项目的开发企业；为了加强碳交易的流动性，在二级市场上则扮演市商的角色；开发全新且具有创新性的金融产品，并给各类碳排放权的最终使用者提供一些风险管理工具等。

（二）欧洲的绿色金融政策

早在 1974 年，联邦德国就成立了世界上第一个环境银行。在 1991 年，为了重点支持促进环保的相关投资项目，波兰也随即成立了环保银行。英国政府规定对节能设备给予适当的投资以及对一些技术开发项目提供贴息贷款或免（低）息贷款。为了对企业的环境风险进行更好的评级，伦敦金融创新研究中心制订了一整套的环境风险评估方案。在1998年，立陶宛政府开展了“NEFCO—APINI授信额度”，从实施至今一直成功地促进着清洁生产项目的融资。瑞典国家开发署不仅为环保项目提供了信用升级担保，还提供了绩效担保。哥斯达黎加国家政府给外国投资厂商发行了有效保证期为20年的碳债券和贸易抵消证明，国外投资者可凭借此凭证抵消其在本国需要减少的二氧化碳量。在欧洲各国绿色金融政策的实施下，目前欧盟排放交易体系已经成为世界最大的区域碳市场，其工业温室气体排放实体将近1.2万个，并将欧盟27个成员国以及列支敦士登和挪威等总计达到29个国家和8个交易中心包含在内。

(三) 韩国的绿色金融政策

为了提供更完善的政策来保障绿色金融的顺利开展，在2008年韩国政府出台了《低碳绿色增长战略》。目前韩国已经成立6家绿色基金公司，管理的总资产规模达67亿韩元。2009年，为了保障全国生态基础设施的建设、低碳技术的开发、绿色生活工作环境的创建，韩国政府计划开始推行“绿色金融”，在未来四年将投资约380亿美元，为韩国未来发展提供了新的增长动力。截至2009年4月，韩国已经设立了资产管理总规模达6190亿韩元的28家公开上市的环境社会问题治理基金和环保基金公司，其中主要用于社会责任投资的国家退休金基金6600亿韩元。在2009年，韩国开发银行在环保及配套设备业务上投资约10000亿韩元，韩国进出口银行在绿色增长行业上投资8400亿韩元。韩国政府在2010年公布的《低碳绿色增长基本法》旨在控制温室气体的排放量，预期在2020年前使其减少到温室气体排放预计量（BAU）的30%，在该法中还规定了促进低碳绿色增长的一系列措施。韩国政府联合国民银行共同成立了一个可再生能源私有权益基金公司，其拥有3300亿韩元，主要投资于碳减排相关的绿色增长行业，并设立了具有优惠利率的绿色金融产品。

(四) 日本的绿色金融政策

1993年，日本通产省为了提高与能源、环境具有密切关系的各类财政投资和贷款，进一步推动节能技术的发展，将投资总量从1992年的5600亿日元提高到了9700亿日元。为了减轻环境的压力，更好地促进企业开展环保投资，2004年4月，日本政策投资银行正式开始实施促进环境友好的经营融资业务。日本政策投资银行在2006～2007年期间在原来环境评级融资业务的基础之上引入了与降低二氧化碳排放量从而控制温室效应政策有关的更新业务内容。首先在2006年年初，新评分项被引入了“促进实现京都议定书目标”，接着在2007年日本政策银行在环境省的大力支持下，再次推出了环境评级贴息贷款业务。日本政策投资银行充分发挥了政策银行的协调作用，开展各类促进环境经济友好发展的经营融资相关业务，给绿色信贷的发展创建了一个更加宽阔的平台。此外，为了以一种更加实际的方法和模式去降低投资风险，提高投资效率，商业银行充分地利用了政策银行的环境评级系统去评估和监督各个贷款目标企业。

二、从企业角度解析三类绿色金融政策

绿色经济坚持经济与环境的可持续发展，以新技术为动力，以市场化为导向。绿色经济是更好地实现自然资源价值和生态价值的一种经济，更是市场化和生态化巧妙结合的经济。如何将环境内化为企业的经营行为，实现环境由公共产品向私人产品的转换，是绿色经济发展的关键。

从传统经济学的基本假设出发，企业追求的目标是利润最大化。企业利润来源于收入与成本之间的差额。企业在投入到产出的过程中，随着产品价格不断调整，进而调整产品产量，同时生产成本也随着产量的变化而改变。企业在这些变化中寻找着一个适当的价格，在此价格之下，边际成本等于边际收益；另一边，企业的成本定义为一个与产量有关的函数，随着规模的扩大，企业能够达到最具效率的规模，即规模经济。在此规模下单位产品平均成本最低。如果两种情况下，企业的产量相等，则为理想状况，此时即为企业最优产量，在此产量下企业能实现利润最大化。但现实情况往往比较复杂，两种情况对应的产量不在同一点上。

传统经济学假设中，企业在给定生产价格和生产成本的基础上，通过求解利润最大化的问题，得出最优生产产量。然而现实生产经营中往往存在很多的差异，比如企业在生产要素投入和产品消费的过程中带来的外部性，而这些生产要素和产出品的市场价格，往往不能反映或者不能充分反映这些外部性。如果企业带来的是正外部性，那么生产经营活动带来的边际社会收益大于企业自身的边际收益，整个社会的最优产量会大于企业自身的最优产量，社会的供需均衡并未达到，就会存在无谓损失；如果企业带来的是负外部性，那么社会生产的边际社会成本等于企业的边际成本与外部成本之和，产品在整个社会供需关系中达到均衡点时的产量小于企业达到其自身供需均衡时的产量，也就同样存在无谓损失，存在无谓损失的社会生产，被认为是没有效率的。

现在我们假定有这样一家企业，这家企业仅生产两种产品，一种是清洁产品，一种是污染产品。企业的目标依旧是追求利润最大化，利润为传统微观经

济学意义上的利润，即销售收入减去成本和税收，成本中已经包括隐性成本（如利息此类机会成本）。企业的商誉也属于固定资产，这里简单地认为商誉来源于企业的社会责任，那么，有社会责任的企业的目标= a×利润+b×社会责任。

根据规模效益递减的规律，企业目标如果为利润最大化，则通过一阶导数为零的条件，在边际收入与边际成本相等的条件下方程有唯一解（得到两个产品最优产出）。我们把这两个产出称为利润最大化产出（清洁产品）和利润最大化产出（污染产品）。我们知道，由于外部性没有内生化，从而导致了如下问题：

污染产品的利润最大化产出>其社会福利最大化产出（图 1–1）

清洁产品的利润最大化产出<其社会福利最大化产出（图 1–2）

其中，社会福利定义为：企业利润+个人消费+外部性 （如对第三方的健康损害），而这些健康损害与污染产品的生产与消费呈正相关。

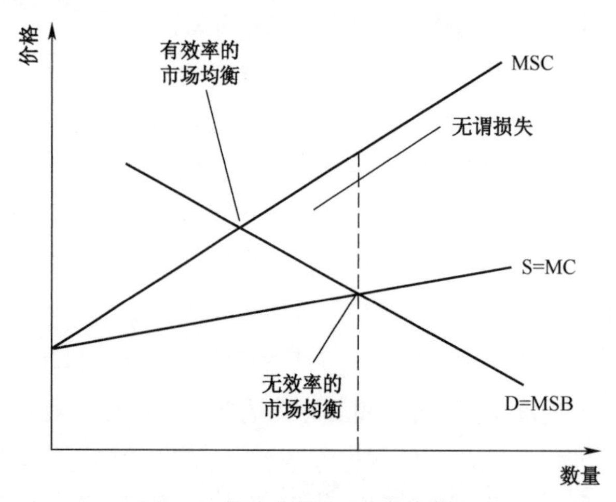

图 1–1 存在外部成本时的无效率

那么，如何才能将外部性内生化，以达到降低污染产品的产出、提高清洁产品的产出效果呢？如果让经济发挥自动调节的作用，企业的清洁产品和污染产品都会在无效率的市场均衡点上生产，因为在生产活动中，企业都考虑了自身的收益最大化，并没有把外部性这些因素考虑进来，但外部性的影响在社会中是真实存在的，所以整个社会的供给和需求并没有达到均衡，存在着无谓损失，这些就需要政府通过宏观调控手段，运用财政政策，一面禁止一面驱使，引导企业从负外部性向正外部性转变。从上述企业的问题来看，至少有如下几类政策手段。

第一类政策：提高清洁产品的定价 （如对清洁能源提供补贴），从而提高清洁产品的投资回报率；减少对污染产品的价格补贴 （如存在价格补贴），从

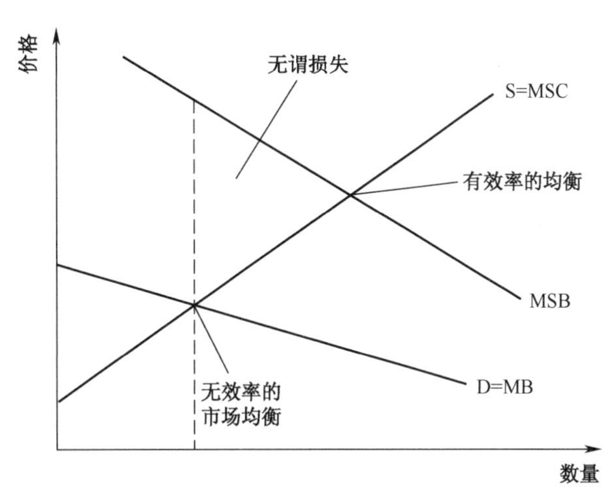

图 1-2 存在外部收益时的无效率

而降低其投资回报率。

第二类政策：降低清洁产品的税费和其他成本 （如贷款利率），从而提高清洁产品的投资回报率；提高污染产品的税费和其他成本 （如贷款利率），从而降低其投资回报率。

第三类政策：提高企业目标函数中社会责任的权重。

结合现实的市场来看，我们认为实际情况应该是这样的：政府会对污染产品征收一个污染税，同时为了鼓励生产清洁产品，会对生产清洁产品的企业进行补贴。那么以依照上述假设而同时生产清洁产品和污染产品的企业为例，我们把清洁产品和污染产品区分开，对第一类政策和第二类政策进行深入的分析和探讨。

企业的利润可以由清洁产品和污染产品两种产品产生：利润=清洁产品利润+污染产品利润=[清洁产品价格×(1+清洁产品补贴)×清洁产品产量－清洁产品成本×清洁产品产量]+[污染产品价格×(1－污染产品税收)×污染产品产量－污染产品成本×污染产品产量]

图 1-3 展示了通过对污染产品征收污染税的方式，提高了厂商的单位商品生产成本，使得生产厂商生产污染产品的边际成本同社会边际成本相一致，均衡点从原来无效率的市场均衡沿着需求曲线，移动到有效率的市场均衡。此时企业减少了污染产品的产量，也就减少了负外部性，同时，政府通过征收污染税增加了社会总效用。

图 1-4 所示，政府通过对生产清洁产品的企业提供补贴的方式，提高了企业生产单位清洁产品的边际收益，使得企业的清洁产品边际效益与边际社会收益相一致；或者说补贴降低了企业生产单位清洁产品的成本，使得企业在自身新的供给曲线与需求曲线均衡点的产量，同社会有效率的市场均衡时的产量相

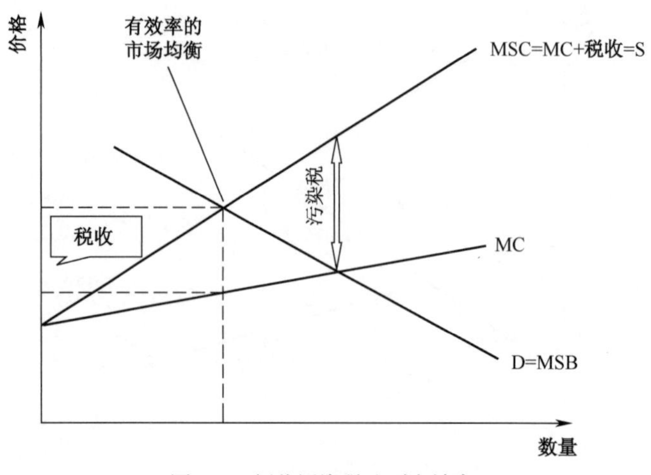

图 1-3 征收污染税达到有效率

一致。此时,企业单位清洁产品的生产成本和社会的市场价格之差即为对清洁产品的补贴。

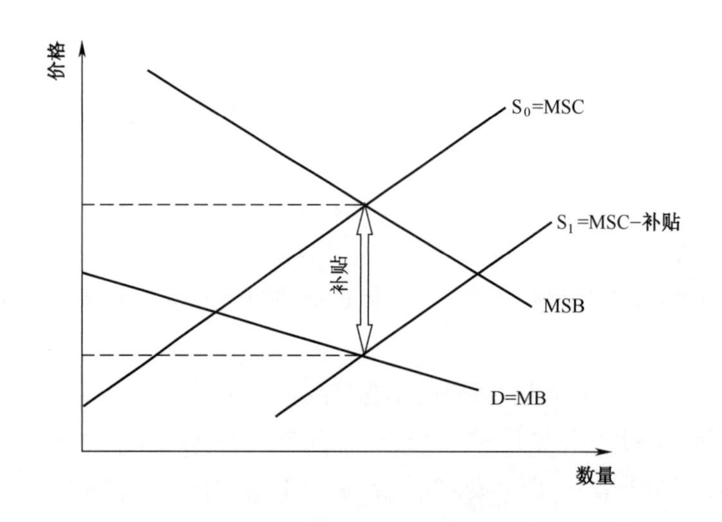

图 1-4 提供补贴达到有效率

前两类政策都是通过财政手段,改变企业单位产品的生产成本,进而改变单个企业在市场上的产品供需关系,产品从负外部性(污染型)向正外部性(清洁型)转变,使得社会全部企业的总产出接近社会总供求关系。而第三类政策更加贴近现代经济学,加入了“企业社会责任”这一变量。企业的社会责任起源于 18 世纪末的西方社会。随着经济的发展和社会的进步,企业的目标不仅仅是盈利,而且要对环境负责,承担起相应的社会责任,发展到如今,内容已多种多样。在本文的环境中,我们片面地选取环保部分项目来考量“企业应本着未雨绸缪的宗旨应对环境问题、主动承担社会责任、推进环保技术的开发与普及”方面。无论是追求利润还是承担企业社会责任，都是企业想实现的目标，或者说是企业实现自身价值的方式。此处我们将社会责任量化为单位清洁产品的正外部性带来的商誉价值。

EV(企业价值)＝ a × 利润 ＋ b × 社会责任＝ a ×[(单位价格)× 产量－成本]＋ b × 声誉价值 × 产量(a,b 是常数)

利润最大化的企业目标＝ a ×[(单位价格＋价格补贴)× 产量－成本]

如果上述两个方程最后可以达到同样的目标，则可将两个方程列为等式：

a ×[(单位价格)× 产量－成本]＋ b × 声誉价值 × 产量＝ a ×[(单位价格＋价格补贴)× 产量－成本]

将方程重新组合后得到社会责任与补贴之间的替代条件：

b × 声誉价值＝ a × 价格补贴

即在上述条件下，政府对清洁产品的价格补贴可以以一定比例的另一种方式——企业对社会价值的重视程度来替代。

三、从消费者角度解析第四类金融政策

马斯洛理论把需求分成生理需求、安全需求、归属需求、尊重需求以及自我实现五类，依次由较低层次到较高层次排列（图 1–5）。通俗理解：假如一个人同时缺乏食物、安全、爱和尊重，通常对食物的需求是最强烈的，其他需要则显得不那么重要。此时人的意识几乎全被饥饿所占据，所有能量都被用来获取食物。在这种极端情况下，人生的全部意义就是吃，其他什么都不重要。只有当人从生理需要的控制下解放出来时，才可能出现更高级的、社会化程度更高的需要——如安全的需要。

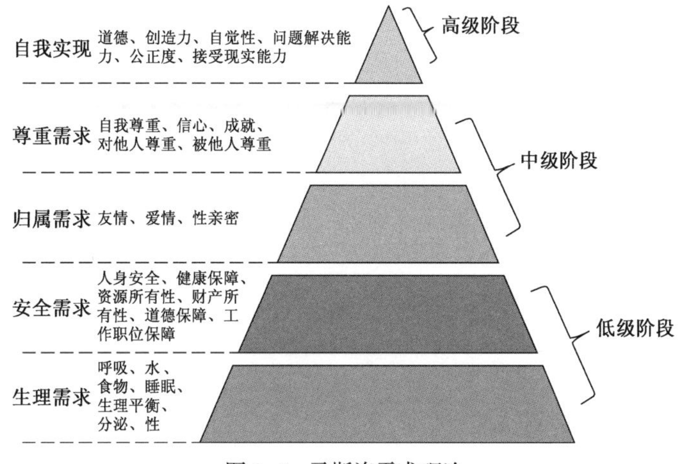

图 1–5 马斯洛需求理论

在当今社会，对无污染环境的需求比以往任何时候都要强烈。为了实现这种需求，我们在购买产品的时候，除了会关注满足生理需求的部分，还会关注产品本身的属性。因此，我们更愿意购买绿色的产品，尽管这样做我们要花更多的钱。

对无污染环境的需求增长来源于两方面。第一，随着收入的增加我们需要更多的产品或服务，而无污染环境就是其中一种。我们认为清洁的空气、未被破坏的自然景观和野生动植物是有价值的，我们愿意并为能得到它们付费。第二，由于对污染产生影响的了解不断加深，我们能够采取措施来减少其影响。比如，我们知道白色污染是如何产生的，我们就会减少塑料袋的使用，这样就会改变市场供需关系，迫使生产厂商改变升级产品，开发环保袋来填补之前丢失的市场。

第四类金融政策的关键在于改变消费者对商品的偏好，也就是改变消费者的认知观念，使消费者意识到自己对无污染环境的需求和对商品使用价值的需求同样迫切，并且接受“商品的环保属性是有价值”的这一观点，主动承担起这样一种“消费者社会责任”。那么，清洁产品的环保属性就会对消费者带来正效用，污染产品的污染属性则会带来负效用。假设依旧只有上述两种产品，我们这样定义一个新的效用函数：

$$消费者总效用 = U(清洁产品消费量) + U(污染产品消费量)$$

其中，每种产品的单位效用=商品的使用价值+消费者社会责任

商品的使用价值在两种商品身上是无差异的，消费者得到的效用差异体现在：消费清洁产品由于承担社会责任而得到社会声誉所带来的满足感。与原消费者总效用相比较，不难发现，消费者社会责任=清洁产品消费量×环保属性正效用−污染产品消费量×污染属性负效用。

图 1−6 中虚线代表的情况是消费者未承担社会责任时的家庭预算线和无差异曲线；实线代表的是消费者承担社会责任，并且为商品的外部性付费时的家庭预算线和无差异曲线。

从微观经济学的基本理论可知，无差异曲线与预算线相切的点，即为在约束条件下，以这种商品购买组合能使消费者效用最大化的点。

在家庭预算不变的情况下，可购买的清洁产品最大数量减少，可购买的污染产品最大数量增加。但由于消费者社会责任这一变量的引入，无差异曲线发生了变化，并不是之前的关系了。在清洁产品消费量一定的情况下，消费者放弃一单位的清洁产品带来的效用，需要用更多的污染产品的效用来补充。此时，效用最大化的点所代表的商品组合也发生了变化：污染产品的消费量减少了，清洁产品的消费量增加了。

对于发达国家的大多数消费者而言，产品的价格和效用可能并不是影响其

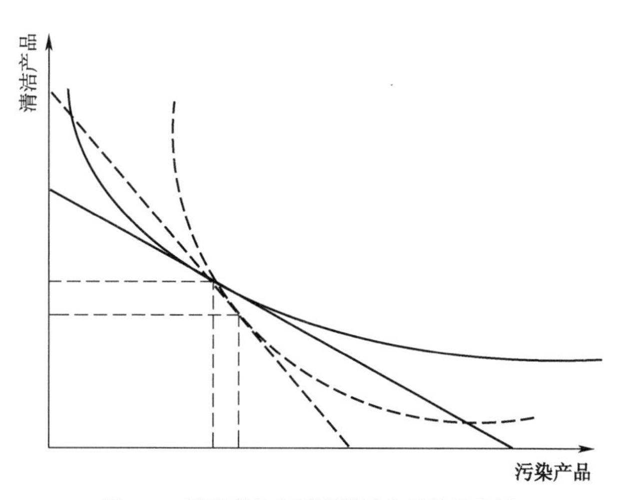

图 1-6　消费者的家庭预算线和无差异曲线

做出购买决策的唯一要素。在当今社会，这些消费者更愿意去满足自身的道德感和责任感。他们去探索产品各方面的相关信息，比如生产方式、生产地点，以及生产工厂名称、工厂生产过程是否绿色、是否非法雇佣童工等。假如产品牵扯到这些问题，即使产品价格低廉，他们也不会动摇拒绝购买的决心。目前消费者实现自身的社会责任感已经成为可能，比如社会责任网络、要求企业披露污染信息的社会压力、NGO 的努力等。换句话说，有社会责任的消费者对清洁产品的需求＞没有社会责任的消费者对清洁产品的需求量；有社会责任的消费者对污染产品的需求＜没有社会责任的消费者对污染产品的需求量。所以如果消费者有了社会责任，那么由于其对清洁产品的需求上升，在市场均衡的条件下，会导致清洁产品的价格上升，其结果相当于政府对清洁产品提供了一个价格补贴；反之亦然。本小节所探讨的政策，除了上面由企业问题得出的三类绿色金融政策之外，还有第四类政策应该考虑，即提高消费者的社会责任感。社会并不是无数个独立个体的集合，而是一个相辅相成的不可分割的整体，因此我们需要有对其他人负责、对社会负责的责任感。具体的相关做法可以包括对少年儿童进行环保责任的教育，为社会提供企业的环保信息，树立环保人物榜样，利用公众舆论广泛谴责不环保的消费行为等。

第二章

绿色金融的国际经验

第一节　英国绿色投资银行

一、成立背景和简介

2000年以来，英联邦政府试图打造“最绿色政府”，鼓励发展绿色低碳经济，优先投资绿色低碳项目，为广大劳动者增添就业方向，促进英国经济活力，创造一个既能营造健康的生态环境又能促进国家繁荣的绿色环保型经济模式。根据《京都议定书》和欧盟的要求，英国到2020年要在1990年基础上实现二氧化碳减排20%的目标。在季候变化部门和政府的共同商讨下，该目标至少需要融资2000亿英镑，由于存在明显的资金缺口，2010年英国政府在财政预算中首次提出建立一家由政府出资、按市场模式运营的绿色投资银行，并在当年的预算中安排了20亿英镑的资金支持。2012年10月，在欧盟委员会按照“国家援助”（StateAid）相关规定予以批准后，英国绿色投资银行（GIB）可以按照商业条款进行投资，此后，GIB开始全面运作。

二、资金来源、发展过程与风险

由于英国绿色银行的属性，在最初创立时，政府财政资助是GIB唯一的资金来源。随着绿色金融银行的发展，虽然资金缺口逐渐增大，但由于绿色环保项目得到越来越多人的认可，使得资金来源逐渐多元化。英国绿色银行在得到多方面帮助的情况下，形成了以下四种资金来源途径：第一，建设期股权投资。GIB针对已经获得社会资本股权融资的项目，为前期或建设期的资金缺口提供股权融资。这种股权投资将承担所有典型股权风险，同时也享有典型的针对少数股东权益的公司治理安排。第二，长期贷款。GIB为海上风电、碳捕获与封存（CCS）和能效项目提供长期贷款。第三，针对海上风电和CCS项目的中期有抵押次级债务（次于由商业银行提供的优先有抵押债务）。第四，针对能效项目的违约风险保证产品，主要针对小规模能效、微型发电和智能电网项目。随着投资来源的丰富，银行的资源撬动作用也逐渐增强，银行与已经致力于绿色领域的企业开展合作来发掘投资机会。

据此我们可以从以下三个角度分析业绩效果。一是盈利性，即英国政府设定的3.5%的内部收益率（IRR）目标。GIB的投资团队由来自投资银行、能源基金和能源企业的拥有丰富专业经验的人员组成，盈利表现出色，GIB运营第一年就超过了3.5%的目标，2013年和2014年更是达到8%的收益率。二是资本配置，在这方面GIB受到了市场上的一些质疑。2012～2016年期间GIB有38亿英镑资金可以调动，然而到2014年3月其承诺投资13亿英镑，撬动共同投资仅48亿英镑。这个数字远远低于英国发展绿色产业所需要填补的资金缺口。三是绿色影响力。GIB会对它支持的每个项目的绿色影响力做出评估、监测和报告，并在每财年发布财务报表时，同时发布经审计的“绿色影响力报表”。

GIB是国家绿色银行的先行者，在发展过程中面临许多风险，将其归类为五种。第一，项目投资风险。由于欧盟对于政府进行市场干预有严格的限制，GIB的投资必须满足两个条件：市场化和只能投资于出现市场失灵的领域。虽然英国已经脱欧，但与欧盟的关系还没有完全割裂，脱欧后的政策调整还没有明显的变化，与欧盟间还存在许多交易关系。因此，目前GIB的大部分投资仅限于政府界定的三大重点领域。同时，GIB只能直接投资项目，不能投资企业。由于这个狭窄的权限，GIB面临的最大挑战之一就是缺乏可投资项目。3.5%的投资回报率要求对于可再生能源项目来说并不算高，但是由于使用公共资金投资，每一个项目的损失都会带来公众压力。传统投资者认为，因所需资本的使用成本很高，所以绿色项目的投资者需要政府补贴来弥补低于平均水平的投资回报。由于GIB没有补贴性质，因此吸引投资的能力有限。第二，经营管理风险。绿色投资银行治理模式运作方式是环境部门和金融界的首次合作，期间关于盈利目标和公益目标的分歧是造成二者矛盾的首要原因。绿色银行担负着治理环境发展金融的目标，因此一个从环境角度寻求盈利的管理者是所有绿色银行所稀缺的人才。第三，绿色投资风险。政府授权中“绿色”目的定义过于宽泛，难以使GIB投资的项目真正担负起绿色责任。例如，简单地将火电转变为生物质和垃圾焚化，并不能保证环境的收益。第四，声誉风险。作为政策性银行，GIB的投资绩效也与政府的产业政策息息相关。例如，风电和垃圾发电项目就得益于英国一系列鼓励可再生能源的政策。反之，如果政策力度不足，或政府继续支持化石燃料产业，就难以激发社会资本发展绿色产业的信心，GIB 投资绿色技术的前景也会受影响。第五，流动性风险。财务回报的预期性往往与实际不符，而且，绿色投资项目的回收期较长，使得资金的流动性较差。除了财务回报，“信息不对称”也经常被认为是绿色项目投资难以达到社会最优水平的因素之一。

针对上述风险，GIB 在发展的路上逐渐探索防范措施：第一，在 GIB 做出投资决策时，经理团队要进行尽职调查，来提高它作为一个品质投资者的声誉。第二，为风电项目前期资金缺口提供股权融资，在项目成熟后可以再出售股权退出投资。第三，GIB 资金和市场资金享有同等权益，合作条款参照商业条款，并不带有补贴性质。也可以向私营部门证明投资确实有利可图且可持续。第四，GIB 还通过收购现有项目来建立社会资本对投资的信心。第五，招募经验丰富、声誉良好的投资银行家团队，对 GIB 开展经营管理，服务于调整“市场失灵”领域，调动对英国绿色经济的投资，增加社会资本追随 GIB 投资的信心、加强社会资本参与度并提高杠杆率。

英国逐渐成熟的绿色金融银行模式也为中国绿色金融的发展起到了一定的借鉴作用。首先，利用专业的绿色投资银行服务中国经济的绿色转型。目前，中国的两大政策性银行，中国进出口银行和中国农业发展银行根据自身特点，在应对气候变化领域开展了相应的业务，但是绿色低碳转型并不是它们所重点关注的领域。中国人民银行绿色金融工作小组虽然提出在国家层面建立“中国生态发展银行”的建议，但未提及其与这两家政策性银行的关系。事实上，如果将这两家政策性银行中的绿色业务剥离出来组建专业的绿色投行，可能在政府的操作层面更为容易一些。其次，汲取绿色银行的经验，加强人力资源的建设，使管理层以及投资团队不仅具备坚实的金融知识，而且具备清洁能源、可再生能源、气候变化等环保领域的专业知识，打造兼具金融与环保知识的复合型的专业团队为我国未来筹建绿色投资银行做好人才储备。英国绿色银行行政总裁中，有 70 人属于兼具金融与环保专业知识，有利于绿色金融产品的创新与推广。最后，利用绿色项目的盈利能力吸引社会资本的流入。绿色银行所开发的良性循环商业运作模式值得借鉴。英国政府非常清楚，仅仅依靠注入绿色银行的 38 亿英镑的启动资金远远不够实现绿色转型，绿色银行必须撬动社会资本进入绿色投资领域。因此，其商业模型的目标是向私营部门显示绿色项目的投资吸引力。中国可以借鉴这方面的经验，形成以绿色投行向绿色项目提供融资为开端的商业模式，通过示范效应和可复制经验的推广、技术和融资手段的创新等，提高绿色项目利润率，实现资本的循环利用和对社会资本吸引的盈利模式。英国绿色银行 2016 年年报显示，绿色银行投资的预期回报率高达 10.3%。对于中国构建的绿色金融体系而言，我国需要进一步强化项目的选择，满足政府对低碳绿色的需求，满足资本的获利需求。2017 年 8 月 18 日，GIB 私有化后，从金融市场借款就不再受到限制，收购完成以后为克服在国际市场投资的法律和监管障碍，便于开展海外投资业务英国“绿投行”已更名为“绿色投资集团”(GIG)。

三、英国绿色投资银行案例

GIB 现主要投资三个商业性较强、较为主流的环保项目，包括海上风电、垃圾发电和能效，前两个领域还配合了英国电力改革和《可再生能源义务法》中对电力供应商增加可再生能源电力比例的要求，对投资人来说具有较强的政策支持。截至 2017 年英国绿色投资银行累计投资 99 项绿色生态项目，共投资 34 亿英镑，交易额累计 120 亿英镑，具体见表 2-1、表 2-2。

表 2-1　2016~2017 年英国绿色投资银行投资项目汇总　　单位：百万英镑

项目名称	项目数量	直接投资额		基金投资额		地址数量
		累计		累计		
风力	1	281.5	281.5			1
风力	0	399.6	399.6			0
街灯	1	6.8	6.8			1
北威尔士回收及废物处理厂	1	33.1	178.9			1
街灯	1	10.2	40.8			1
循环利用和废物处理	1	28.2	142.1			1
北爱尔兰农场	1			1.5	1.5	1
北爱尔兰农场	1			1.4	1.5	1
北爱尔兰农场	1			1.4	1.5	1
北爱尔兰农场	1			1.3	1.4	1
北爱尔兰农场	1			1.4	1.5	1
厌氧消化	1			6.5	13.2	1
公园改造	1			1.4	3.0	1
北爱尔兰农场	1			1.7	3.5	1
热电厂	1	80.0	337.4			1
社区电能	6					9
北爱尔兰农场	1			8.6	23.3	1
北爱尔兰农场	1			1.8	3.6	1
热电厂	1			12.1	25.0	1

数据来源：GIB 官网。

表 2-2 2012~2017 年 GIB 绿色投资项目概览 单位：百万英镑

时　间	项目数量	直接投资额		基金投资额		地址数量
		累计		累计		
2016~2017	23	839.4	1387.1	39.1	79.0	26
2015~2016	30	769.9	3697.9	128.0	279.8	955
2014~2015	22	723.1	2470.6	66.9	274.3	51
2013~2014	17	616.6	2331.9	39.8	124.3	185
2012~2013	7	460.4	2096.5	9.8	36.9	7

数据来源：GIB 官网。

2017 年 1 月 13 日，GIB 通过 6 亿美元初始资金收购 10 亿英镑项目，投资于世界上第一个专门的海上风能基金——欧洲最大的专用可再生能源基金，管理着 12 亿英镑的资产。该基金的投资者包括英国地方当局五家养老基金机构共计 70 万名成员，另一个最大的投资者是 Swedish life 保险公司。该项目第六个和最后的投资基金为经营在英国的海上风电场，每年共发电 14.5 亿瓦。该基金的投资组合有助于每年避免接近 200 万吨的温室气体排放。该基金最新收购的项目为 Lincs 海上风电场，占股比例达到 44%。这是一个股权为 Centrica PLC 和西门子项目合资投入 4.29 亿英镑的项目。Lincs 是一个 270 兆瓦的海上风电场，位于林肯郡海岸的斯凯格内斯，由 75 个西门子 3.6 兆瓦的涡轮机构成。风电场自 2013 年以来一直在运作。Centrica 公司将运营和维护自交易完成后 12 个月过渡期内的风电场，随后，继东能源将接管运营并继续提供维护支持。

可见，GIB 的投资效果开始初见成效，社会投资和企业投资规模逐渐壮大，逐渐摆脱完全依赖政府的政策性绿色金融行动，能够考虑绿色金融的市场性和商业运作能力，有利于分散风险，符合绿色标准，提高社会整体环境保护意识。同时，对我国绿色金融建设也提出了新的借鉴，即通过政策引导，逐步扩大投资范围，调动社会积极性，让所有公民投入到绿色金融建设中。我国现在还没有规模化的绿色金融监管执行机构，我国有必要建立完善的绿色金融银行体系，建立绿色金融信贷标准，加快绿色金融产品的创新。

第二节 美国银行

一、背景简介

（一）成立背景和简介

作为美国第一大银行，美国银行的建立可以追溯到 1784 年的马萨诸塞州银行。自 20 世纪 70 年代以来美国政府一直致力于绿色、清洁能源的建设，目的是可以利用公共资金和新兴的金融工具来引导社会资本投资于清洁能源项目领域，进而促进美国绿色经济的发展。目前，美国银行的分支机构已经遍布全球77个国家和地区。

2004年4月15日，美国银行正式加入赤道原则。在全球治理的背景下，美国银行始终重视完善企业社会责任意识，其环境政策涉及气候、森林、能源和环境信贷等众多环保领域。2014年，美国银行为强化企业社会责任治理结构，成立全球企业社会责任委员会，并建立了一支致力于践行其环保倡议的全日制工作团队。为了解决气候变化带来的挑战，美国银行承诺十年内出资2000亿美元用于涉及全球气候变化治理的信贷、投资、金融产品和服务行业。美国银行是第一家为应对气候变化问题作出提供金融产品和服务方面长期承诺的银行机构。

近年来，清洁能源市场不断发展壮大，早期提供的绿色低息贷款产品已经不能满足市场的需求，于是美国决定成立独立的绿色银行。其中康涅狄格州绿色银行（全称清洁能源融资和投资机构，CEFIA）是美国成立的第一家州立的绿色银行。起初，康涅狄格州面临着电价高、建筑老旧、电网效率低等能源方面的挑战，政府希望通过提供更清洁更便宜的能源而又不增加公共财政压力的方式来实现能源升级。康涅狄格州政府于2011年成立CEFIA，它由政府所有以市场方式开展业务，目的在于用有限的公共资金撬动数倍公共资本投资于清洁能源领域，实现康涅狄格州的能源升级。截至2018年，康涅狄格州绿色银行为清洁能源项目提供的资金超过10亿美元。自成立以来，康涅狄格州绿色银行净利润持续上涨，表现出良好的盈利性，如图2-1。CEFIA的组织结构如图2-2。

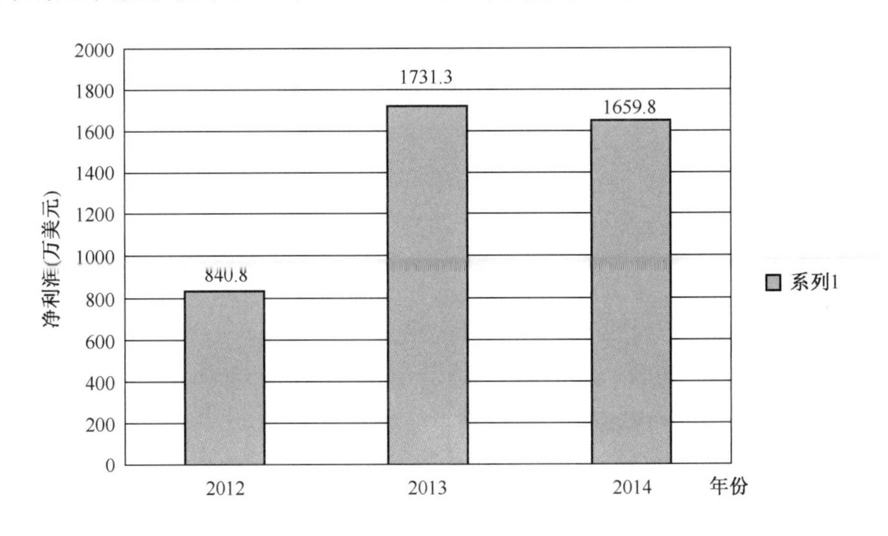

图2-1　2012~2014年康涅狄格州绿色银行净利润(单位:万美元)

数据来源:CEFIA官网

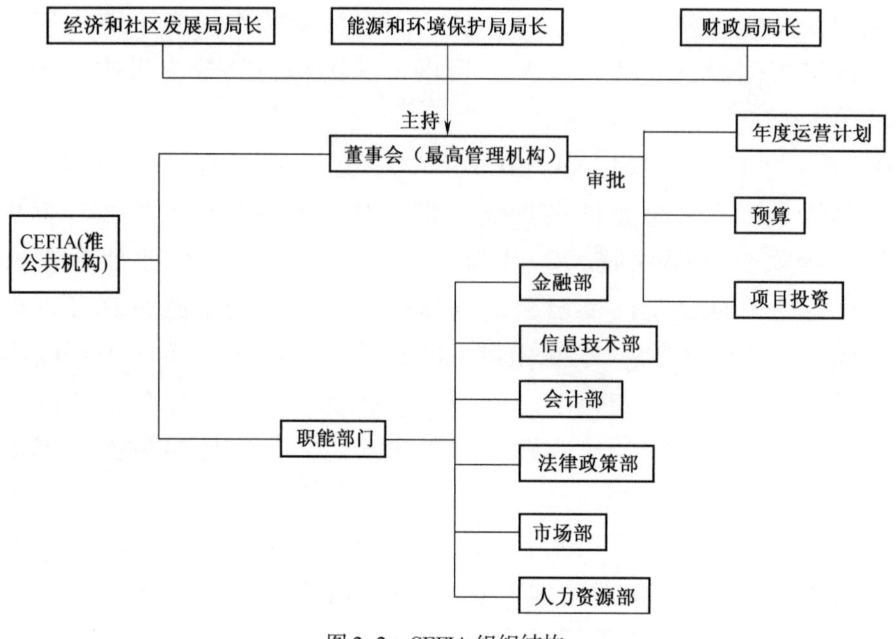

图 2-2 CEFIA 组织结构

二、资金来源

CEFIA 的资金来源，具体见表 2-3。CEFIA 共投资 3.5 亿美元，其中公共投资为 1 亿美元，私人投资为 2.5 亿美元。

表 2-3 CEFIA 资金来源 单位：万美元

筹集途径	来源渠道
清洁能源基金(CCEF)(最稳定、最主要)	工业、居民缴纳的电费附加费每年 3000 万美元
其余资金	联邦和州政府拨款(每年 1000 万美元)、慈善捐赠、投资收益、向社会资本募集

从图 2-3 可以看出，自康涅狄格州绿色银行成立以来，虽然资金规模不断增加，但是贷款和租赁所占比重不断上升，而补贴比重逐年降低。另外，信用增级费用也不断增加。

2014 年，最初由美国银行发起催化融资动议(Catalytic Finance Initiative, CFI)，承诺资本 10 亿美元，计划通过融资低碳基础设施和可再生能源项目等方式刺激至少 100 亿美元的清洁能源投资。该动议的目标是通过与其他方面开展合作、汇集资金，从而推动资金流入高影响力的清洁能源项目，旨在促进可持续发展目标。

合作方主要有美国万通人寿保险公司旗下子公司、东方汇理银行、欧洲投资银行、汇丰集团、世界银行成员国际金融公司等。CFI 集聚了合作方在金融

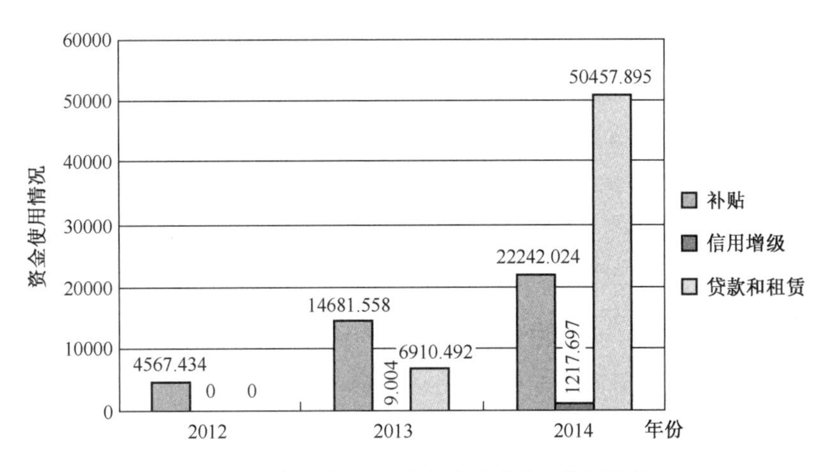

图 2-3 康涅狄格州绿色银行公共资金使用情况

领域的优势，在清洁能源基础设施融资、绿色债券、项目融资、绿色资产担保债券、新兴市场投资和咨询协助以及公私混合融资方面进行发展。CFI 可以助力世界向低碳经济和可持续发展转型，帮助推动清洁能源领域新的投资机遇，形成能够对气候变化带来积极影响所需的规模效应。

美国银行认为，融资创新和资本将在低碳经济发展中发挥关键的作用，大型的银行财团的加入将进一步发掘新的清洁能源投资机遇，对于全球应对气候变化将产生积极的影响。

三、绿色债券的发行

在 2015 年 5 月，美国银行第二次发行了绿色债券，本金总额为 6 亿美元。目前，绿色债券市场正在迅速发展。绿色债券坚持自愿原则，建议充足的透明度和披露制度，以期通过明确的方法发行绿色债券并不断促进完整的绿色债券市场的发展。发行绿色债券的原则主要由以下四个组成部分。

(一) 所得款项用途

绿色债券的最终目标是要对债券的收益加以利用。发行人应申报合格的绿色项目类别（包括间接投资类别），金融中介机构确保使用收益部分的法律文件的安全。绿色债券原则建议所有指定的绿色项目类别提供清晰的环境效益，是可以描述，并可量化或评估。收益包括但不限于可再生能源、能源效率（包括高效建筑）、可持续的废物管理、可持续土地利用（包括可持续林业和农业）、生物多样性保护、清洁运输、干净的水或饮用水。

(二) 项目评估与选择过程

绿色债券的发行人应将其投资决策过程进行阐述，确定使用绿色债券收益的个人投资的资格。比如哪里适用，审查投资的整体环境，发行人应该建立一个明确的过程来决定投资的项目。披露审查的过程，确定和记录投资资格内的绿色项目类别。如果可能，发行人应该建立项目选择的影响目标，在可行的范围内，考虑直接和间接的影响，确保每一个项目符合环境标准。

(三) 管理收益

绿色债券的净收益应转移到一个子公司或以其他方式对发行人进行跟踪，并证明内部过程。对待此类投资，建议发行人向投资者提供的预期类型的合格工具的余额、未分配收益和管理程序须由发行人跟踪所得款项应明确和公开披露。绿色债券工具的环境完整性将增强。

(四) 报　告

发行人应至少每年报告对募集资金的使用和分配的合格投资收益，通过通信、网站更新或提交财务报告，详细说明可能的具体项目和美元投资的项目。绿色债券的原则建议使用定量或定性性能指标的措施，在可行的情况下，投资的影响涉及减少温室效应气体排放，提供清洁电力，或避免车辆行驶里程等。在过去的几年里，标准化已经取得了很大的进展，发行人建议在熟悉影响报告标准和可行的情况下，报告对绿色债券收益产生积极的环境影响。

四、运作模式

康涅狄格州绿色银行为了使投资者和终端用户匹配，推了很多个性化的绿色融资产品。其运作模式可分为四种：商业贷款模式、融资租赁模式、众筹模式、资产评估模式。

(一) 商业贷款模式

由于美国住宅项目存在贷款金额小、期限不匹配、流动性差的特点，金融机构投资积极性不高，使得居民很难获得融资。而这种运作模式出现有效解决了这一困难，它放弃了以往的直接贷款途径，而是积极与当地的银行等金融机构合作，银行为其提供一种利率为4.49%～6.99%，5～12年的长期、无抵押贷款，并为其承担最先发生的1.5%的亏损，CEFIA承担剩下的损失。并且建立“贷款损失准备金账户”，为每一笔贷款拨入储备金(图2-4)。

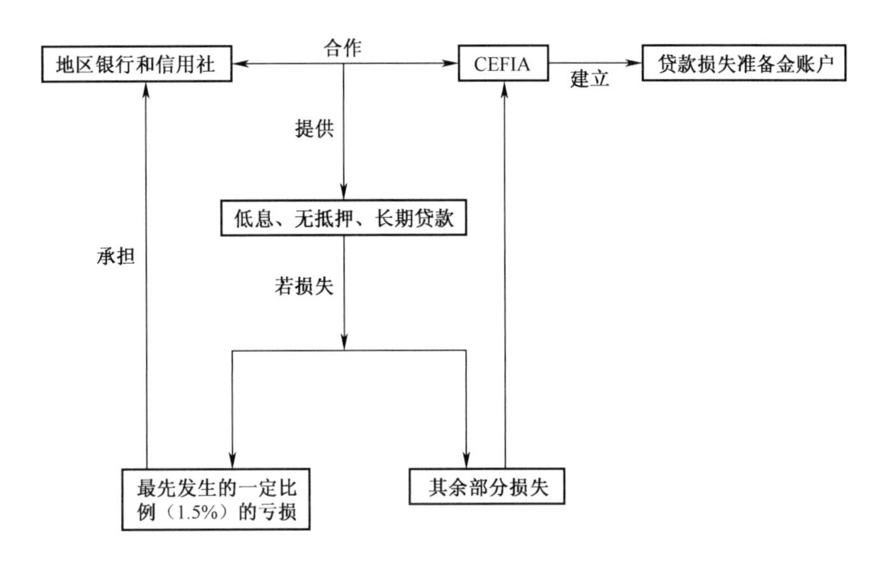

图 2-4 商业贷款模式

(二) 融资租赁模式

为了增加清洁能源对居民用户的吸引力，康涅狄格州绿色银行通过与多个金融机构和股权投资者达成伙伴关系，推出住宅太阳能融资租赁项目。允许业主按照零首付租赁、按月支付的方式租赁太阳能热水器设备，并且 5 年后业主可选择购买(图 2-5)。

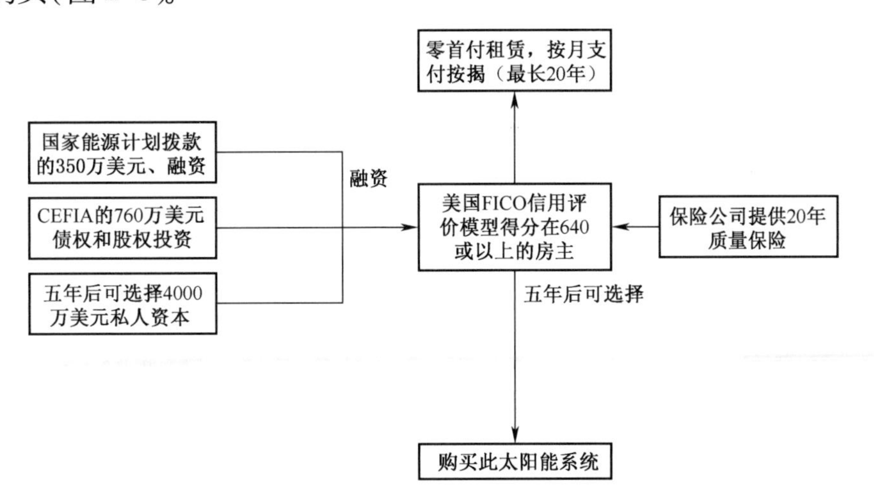

图 2-5 融资租赁模式

CEFIA 通过这种融资模式不仅使银行等金融机构的积极性大大提高，同时确保了业主每月节省的电费大于租赁的费用，有效降低了由于业主收不抵付而发生的信用风险和坏账风险。

（三）众筹模式

众筹是通过网络在线上进行筹资的一种融资模式，该模式是康涅狄格州绿色银行为了应对太阳能贷款融资难的挑战，与太阳能众筹平台和贷款申请平台合作来提供资金的一种途径。它由 CEFIA 提供 500 万美元作为承诺，然后网络众筹平台提供期限为 15 年、收益率为 15%的贷款资金（图 2-6）。通过众筹，康涅狄格州绿色银行汇集了大量认可太阳能清洁能源行业的投资者资金。

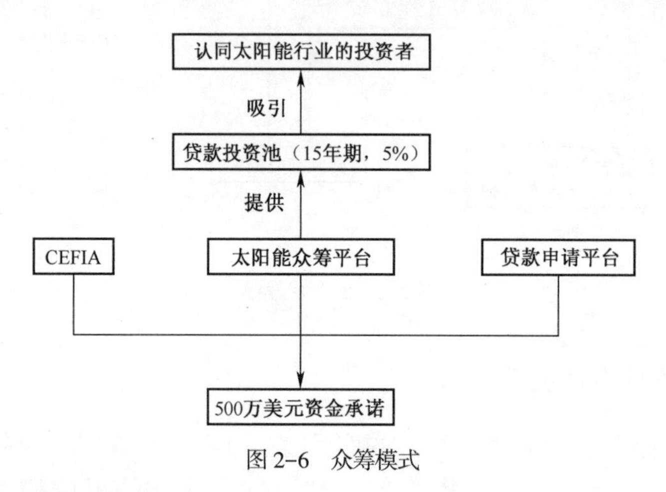

图 2-6 众筹模式

（四）资产评估模式

康涅狄格州资产评估清洁能源项目（C-PACE）目的是帮助多人口住宅业主为其建筑能源升级提供长期的融资。C-PACE 项目不从政府融资，而是从社会资本筹集低利率长期资金，并由物业抵押担保。该项目由 CEFIA 进行标准化管理，居民可分期偿还贷款，最长可贷款 20 年，贷款流程简便，流动性强。由于还款与物业税同时缴纳，所以在还款期内若物业转手，换代责任仍然可以通过物业税转移给新业主（图 2-7）。

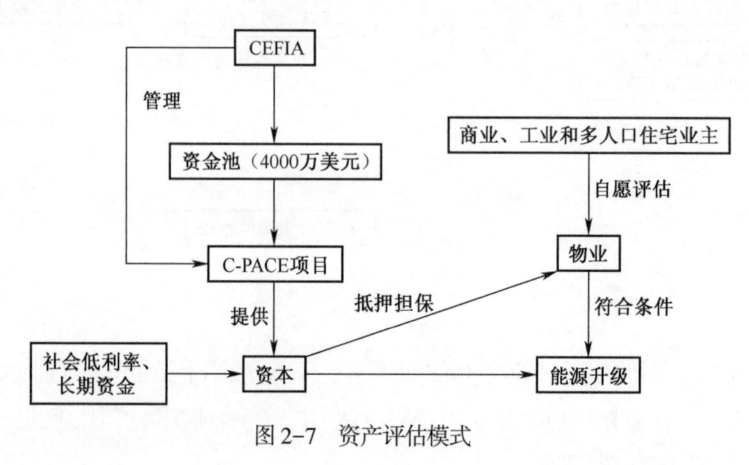

图 2-7 资产评估模式

五、投资去向

（一）史密斯维尔市

270 万美元债券投资到史密斯维尔市，资金将用于实施节能计划（ECM）。史密斯维尔市，约 3.51 平方英里的面积，位于 Bastrop 县。 融资将主要资助照明升级（设施和街道照明）和各种城市建筑物的水和电能表的改进，与此能源项目相关的总储蓄将足以覆盖 100%的项目成本超过 15 年任期的交易。 估计每年环境效益将使减少 CO_2 排放量减少 2100 吨；用水量减少 55000 千升；节约能源成本达到 273000 美元。

（二）Vivint 太阳能

1 亿美元投资到 Vivint 住宅太阳能光伏发电项目，该项目的领先供应商在美国。 Vivint 太阳能拥有开发者权益部分，购买位于屋顶的私人住宅太阳能系统的公民主要分布在美国亚利桑那、加利福尼亚、康涅狄格、夏威夷、马里兰、马萨诸塞、新泽西和纽约等州。 预计每年实现的环境效益如下：将减少 30000 吨的二氧化碳排放，水的利用率将达到 803000 升，减少废物的排放量达到 400 吨。

（三）独立学区

260 万美元免税融资将投入建设白橡树独立学区，白橡树独立学区是一个综合性的社区公共学区，致力于服务学生，融资将主要资助照明升级，锅炉控制器和各种区域建筑物的节水改进。 与此能源项目相关的总保证储蓄量将足以覆盖 100%的项目成本超过 10 年任期的交易。 预计每年将形成 CO_2 排放量减少 1700 吨、用水量减少 45000 千升、节约能源成本 226000 美元的环境效益。

第三节　德国复兴信贷银行

一、成立背景和简介

德国复兴信贷银行（KFW）成立于 1948 年，从性质上看是一个公营政策性银行，并受德国联邦财政部和德国联邦金融监管局监管。 其最初设立的目的是为尽快对联邦德国由于第二次世界大战造成的破坏进行恢复和重建的项目提供融资，其主要投资的领域分布在能源供给、房屋修复以及农业发展等方面。20世纪50年代后期，随着德国经济的恢复日趋平稳，KFW将对中小企业的扶持作为其核心业务。70年代以后，KFW将项目扩展到能源节约和能源创新方面，并将减少贫困和资源保护作为重点。之后，KFW将大量的资金投向新能源等新型产业领域。由于KFW具有政府无限信用担保和突出的经营管理效益等优势，使得越来越多的国际资本市场资金向其流入，与此同时，信贷支持环保、海外业务拓展以及高科技发展的力度也相应越来越大。

KFW完全致力于可持续发展，环境投资额度为44%，其利用金融杠杆实现通过信贷手段调控环境污染主体的信贷供给和资金价格的信贷政策，并且为清洁能源技术发展和节能降耗行为提供信贷支持，是世界上最大的环境投资融资机构。在过去的10年里已经有超过2000亿欧元的投资。根据“可再生能源——标准”计划，KFW主要对以下可再生能源范围提供金融融资：太阳能、水力发电、风能、生物能。KFW贷款的吸引力在于其长期且低息，利率固定10年甚至更长的时间周期；如达到5000万欧元的贷款金额，则还款期限为20年；融资份额高达100%的项目投资成本，拥有风险调整后的利率。

二、资金来源

KFW属国家所有，资本由联邦政府和各州政府参股构成，其注册资本金为10亿马克，其中80%属于联邦政府，20%的份额为各州政府所有。同时，联邦政府对其业务提供补贴和担保，并对其营业收入免征所得税。KFW对环境项目的金融补贴政策主要是通过运用资本市场和商业银行来实现的，最大限度地利用政府的补贴资金。其职能和商业银行有所不同，在环保领域既发挥经济界伙伴作用，又扮演联邦政府环保目标的执行者，并致力于对企业可持续发展的项目提供资金支持。

KFW除了在国内市场融资，还在国际市场上融资，融资过来的资金由德国政府对其贴息处理并以绿色信贷产品的形式进行业务办理。KFW根据贷款状况计算和估算出盈利利率和优惠利率，并把融资资金打造成期限长、利息低的金融产品卖给商业银行，商业银行获取低息金融产品后根据微利的原则对利率进行适当的调整，最后以优惠的利息和合适的贷款期为最终贷款企业提供支持环保、节能和温室气体减排的绿色信贷产品和金融服务。

为了达到筹资开展环境项目、加强金融环境项目在资本市场基础设施建设的目的，KFW通过发行绿色债券的方式来吸引新的投资者，努力提高投资者参与环境和社会话题的意愿。KFW 已成为欧洲最大的公共发债机构之一，发债量远超欧洲其他政策性金融机构。KFW 所发行的债券在国际资本市场上特别受欢迎，不仅是因为其品种多、币种广、国际化程度高，更是由于德国政府给予了 KFW 债券与国债等同的信用级别（AAA）。但是同时与德国国债相比较，KFW 债券的利率又稍高一些，所以在市场上已然成为一种较为保险、回报率又相对不错的投资选择。

KFW 自 2014 年以来发行的绿色债券总额为 92 亿欧元，占市场份额的 7%左右，2016 年绿色债券发行总计 28 亿欧元（总经费的 4%）。绿色债券的发行对环境和社会产生了重要影响，每 100 欧元的绿色债券投资会大概减少 800 万吨温室气体的排放，而且还减少了德国的能源进口和化石燃料的燃烧成本。

三、运作模式

一般情况下，KFW 贷款时都要通过商业银行进行转贷，但是对于公共机构的贷款只有很小的部分可以直接发放贷款，且贷款时需要通过监事会的批准和授权。贷款的流程：第一步，贷款企业根据自己是否符合 KFW 贷款的申请条件来向商业银行提出贷款的申请；第二步，商业银行对贷款企业的贷款条件进行审查并向 KFW 汇报，KFW 同意后即可进行转贷业务。商业银行在进行转贷业务时可以获取转贷利差，同时要承担项目的部分或者全部贷款风险。对于一些风险较大的需要获取政府支持的项目，项目风险不仅需要商业银行承担，还需要政府按一定的比例来对项目风险进行分担，此时，KFW 就是代表政府来承担这一部分贷款风险。

与商业银行合作融资的运作模式：①借款申请人通过与具体某一个商业银行达成协议，由商业银行代表其向 KFW 提出借款申请；②商业银行对借款申请人的信息进行审核和评估，将结果与 KFW 汇报同时提出贷款资金申请；③商业银行代表 KFW 向借款申请人发放贷款；④借款人除了要付贷款利息还要付风险费；⑤借款人到期偿还贷款给商业银行；⑥商业银行向 KFW 还本付息；⑦KFW支付一定的贷款代理手续费给商业银行；⑧KFW 向专项基金为向企业贷款的资金支付风险附加费的利息，购买风险基金；⑨贷款企业破产时，KFW 从专项风险基金中得到损失补偿。

在环保产品贷款方面，KFW 对某些相关的具体因素做出了明确规定：以中小企业实际获利利率为最低要求；提供长期还款期的长期贷款；咨询公司对中小企业提供在可行性研究和其他与投资有关的活动方面的部分资助；在评估、推广和监控方面提供技术支持；规定企业融资贡献率最少 20%；偿还贷款用于进一步贷款或赠款，从而创造周转资金。贷款项目标准：KFW 根据贷款项目对环境的影响将其分为 A、B、C 三个等级，这是适合于 KFW 的专项分类标准。

A、B 这两类项目可能会有相当大的环境和社会影响，如原材料项目和火电厂。这些影响往往是可以从技术上进行管理的，因此在对这些项目进行审查的时候往往与 KFW 的技术专家有着密切的合作。C 类项目，几乎对社会和环境没有负面影响，如机械产品、电信系统和基础设施工具，一般都符合德国的环境安全标准。

四、跨国业务

由表 2-4 可见，德国复兴信贷银行分别在突尼斯、法国和摩洛哥开展了绿色银行的业务。

直到 2017 年 3 月 22 日，KFW 代表德国联邦政府为在突尼斯建立的 16 个脱盐、淡化工厂提供资金，其中有 10 个已经开始运行，对于 KFW 代表的德国联邦政府为经济合作和发展而对非洲北部一些国家的淡化工厂提供大约 5 亿欧元的资金支持来说这只是一个开端。考虑到是在突尼斯的中部和南部，政府打算用 KFW 提供的 5 亿欧元来建设 16 个盐水淡化工厂和 2 个海水淡化工厂，其中一个在杰尔巴岛，一旦建立完成，这个系统自己就可以为 60 万人提供足够的饮用水。除了淡化水工厂，KFW 也为钻井、建蓄水池和铺放管道系统提供资金。

表 2-4 KFM 跨国业务

时间、地点	投资方向	项 目	资 金	成 效
2017.3.22 突尼斯	海水、盐水淡化	16 个盐水淡化工厂和 2 个海水淡化工厂	5 亿欧元	其中一个淡化厂自身的系统就可以为 60 万人提供足够的饮用水
2017.4.12 法国	太阳能和风能	18 个太阳能和风能项目	2.7 亿欧元	发电量 170 兆瓦
2016.11 摩洛哥	太阳能	摩洛哥太阳能电站Ⅳ	6000 万欧元	2018 年开始，每年 CO_2 排放量至少会减少 56000 吨，2019 年计划输出功率为 580 兆瓦

2017 年 4 月 12 日，KFW 储蓄贷款协会（Caisse d' Epargne CEPAC）这两个机构借出 5000 万欧元给法国能源生产者 Neoen 用于两个风力农场项目，分别产生 11 兆瓦和 14 兆瓦的发电量。这两个项目在法国只是代表总量 170 兆瓦、需要 2.7 亿欧元的 18 个太阳能和风能项目的开端，也可以通过银团贷款实现融资。KFW IPEX-Bank 和 Neoen 二者具有长期的合作关系，最近正共同致力于实现 312 兆瓦的目标。

摩洛哥太阳能电站Ⅳ，包含世界上最大的太阳能建筑群。早在 2016 年 11

月，经济合作与发展联邦部长 Gerd Muller，在马拉喀什出席联合国气候变化大会上与 KFW 签署了 6000 万欧元的摩洛哥太阳能电站Ⅳ。这家光伏电站的投产在 2018 年开始，每年 CO_2 排放量至少会减少 56000 吨，当 4 个发电厂合并，每年 CO_2 排放量将减少 80 万吨，具体的计划是到 2019 年完成并且达到三个太阳热能工厂和一个光伏电站供应总量为 580 兆瓦的输出功率的目标。

在 1966 年亚洲开发银行（以下简称亚行）成立时德国就已经参与其建立了，现在是其最大的欧洲股东，拥有资本的 4.3%。2016 年在法兰克福举行的年度会议上，德国涉及了可再生能源、能源效率、气候变化、可持续供应链、职业培训和城市发展等领域。

连同其子公司 KFW IPEX 银行与 KFW 开发银行，德国复兴信贷银行集团与亚行在亚洲问题上几十年来一直有着密切合作。KFW 开发银行代表德国联邦政府和许多国家在亚洲为抗击贫困和气候变化、保护环境等采取了一系列措施。这些措施包括增加可再生能源的使用和保护生物多样性、支持有效的金融机构、帮助中小企业创造就业机会。在冲突和危机影响严重的国家，KFW 在预防冲突和维护稳定方面主动提供“良好治理的支持”。2013 年，KFW 开发银行给亚洲国家贷款总额 17 亿欧元。 2016 年 KFW 开发银行在中国、印度和孟加拉国的业务见表 2-5。

表 2-5 KFM 亚洲业务

时 间	目标国家	金额(亿欧元)	项 目
2016.3	中国	1.5	气候保护
2016.4.1	印度	5	气候友好的可持续的地铁系统
2016.5.2	孟加拉国	1.375	建设 11 个变电站，达到节能和克服能源瓶颈的目的

(一) 中 国

2016 年 3 月，KFW 提供给中国 1.5 亿欧元的资金，作为与发展中国家和新兴国家金融合作的一部分，它将用于财政措施的实施方面，以减少在工业、能源、交通和农业等关键部门的碳排放，改善一般的环境条件，减轻所引发的社会经济影响。该项目与亚洲开发银行共同融资，是中德气候保护合作的一部分。

(二) 印 度

2016 年 4 月 1 日，KFW 开发银行代表联邦政府和印度政府签署了一个贷款协议，为印度的那格普尔这个 230 万居民的城市提供 5 亿欧元建造气候友好的可持续地铁系统。在印度私人电动车数量不断增长的同时，印度的汽车数量也在不断增长，一种新的地铁系统会有助于应对这种发展势头和减少有害气体的排放，同时在提高那格普尔人口流动和减少空气污染方面发挥了重要作用。除了为总长38公里的两条地铁线提供资金，KFW也在立交桥、车站、轨道、牵引、电信系统和车辆方面提供帮助资金。建造工程于2015年5月开始，预计2019年12月底前完成，成本约为12.4亿欧元。

（三）孟加拉国

作为2016年5月2日在法兰克福举行的第49次年度会议的一部分，KFW代表经济合作与发展部签署了一个对孟加拉国提供1.375亿欧元的贷款协议（加上从相关技术预算资金中拨款的200万欧元），这是第一次为孟加拉国提供单独项目的最高金额的低息贷款。

这些资金将会用于建设多达11个变电站，包括连接到电网，以及建设和加固遍布全国各地的超过200千米的输电线路。这些优先投资将加强孟加拉国输电网的容量和效率，有助于节能行动和克服能源瓶颈，也有助于提高孟加拉国能源部门的气候和环境兼容性。

第三章

绿色银行体系构建及金融实践

第一节 绿色银行的内涵与国际准则

一、绿色银行的内涵

目前，关于绿色银行的概念，还没有形成统一的共识。有一种观点认为：绿色银行是指投资于新能源和可再生能源、节能和能效、低碳基础设施、环境保护等绿色行业的专业银行。国际上已设立的绿色银行，包括英国绿色投资银行、澳大利亚清洁能源金融公司、美国纽约州绿色银行、美国康涅狄格州绿色银行、美国新泽西州能源适应力银行。这些银行都是作为独立机构存在，或是作为政府下辖机构存在，但具有较大自主权的绿色金融机构；另外一种观点则认为：绿色银行是一种支撑银行各项活动的价值体系，体现在银行开展各项业务过程中注重对环境污染的治理及对生态环境的保护，在获得经济利益的同时，阻止或最小化对社会和自然环境的负面影响。

绿色银行的内涵可以围绕“可持续发展”这一核心和社会、经济、环境三个维度进行理解。

“可持续发展”最早由世界环境与发展委员会（World Commission on Environment and Development，WCED）在《我们共同的未来》报告中提出，其定义为“能满足当代人的需求，又不对后代人满足其需求的能力构成危害的发展”。绿色银行秉持可持续发展理念，不仅在自身运营过程中贯彻绿色理念，实现绿色运营，更要将自身信贷、投资与融资等业务与环境保护和社会风险相结合。其中，社会维度是指银行的社会责任，在争取利润最大化的同时，应当充分考虑减轻或消除对社会的负面影响，并对社会提供帮助；经济维度是指持续增长的收益，和对实体经济增长和稳定的贡献；环境维度是环境风险管理，将环境成本、收益以及风险纳入决策，并通过绿色信贷等金融工具促进环境优化，遏制环境破坏，包括能够减少空气、水和土壤污染，降低温室气体排放，提高资源使用效率，减缓和适应气候变化并体现其协调效应等。

二、绿色银行遵循的国际准则

(一) 金融业环境暨可持续发展宣言

20 世纪 90 年代，联合国环境规划署金融行动机构（UNEP-FI）发布了银行业《金融业环境暨可持续发展宣言》，强调要把环境考虑纳入标准的风险评估流程，倡导银行业在运作时必须充分重视环境因素。联合国环境规划署金融行动机构创立于 1992 年，是联合国环境规划署下设的非盈利组织，是联合国环境规划署和金融行业之间的沟通桥梁，目前有 230 个成员，包括银行、保险公司、基金公司等。其宗旨是可持续金融理念的推广和普及，侧重于理念和原则条款，倡导一种共识和行业守则，进而督促金融机构投身可持续金融实践，并通过加入组织，促进交流与合作。

(二) 联合国全球契约

“全球契约”是一项倡导商业组织在战略和经营中遵循人权、劳工标准、环境及反贪污方面十项基本原则的战略倡议。这些基本原则来自于《世界人权宣言》、国际劳工组织的《关于工作中的基本原则和权利宣言》以及关于环境和发展的《里约原则》，涉及四个方面，分别是：人权方面，劳工标准方面，环境方面，反贪污方面。

(三) 赤道原则

赤道原则是 2002 年 10 月世界银行下属的国际金融公司(IFC)和荷兰银行，在伦敦召开的国际知名商业银行会议上，提出的一项企业贷款准则。要求金融机构在向一个项目投资时，要对该项目可能对环境和社会的带来影响进行综合评估，并且利用金融杠杆促进该项目在环境保护以及周围社会和谐发展方面发挥积极作用。

赤道原则已经成为国际项目融资的一个新标准，包括花旗、渣打、汇丰在内的 40 余家大型跨国银行已明确实行赤道原则，在贷款和项目资助中强调企业的环境和社会责任。原则列举了赤道银行（实行赤道原则的金融机构）做出融资决定时需依据的特别条款和条件，共有 9 条。在实践中，赤道原则虽不具备法律条文的效力，但却成为金融机构不得不遵守的行业准则，谁忽视它，就会在国际项目融资市场中步履艰难。

赤道原则是参照国际金融公司绩效标准建立的一套旨在管理项目融资中环境和社会风险的自愿性金融行业基准。赤道原则适用于全球各行业总成本超过1000万美元的新项目融资。目前，全球有来自37个国家的92家金融机构宣布采纳赤道原则。

三、赤道原则的主要内容及经验

（一）赤道原则的主要内容

赤道原则包括序言、适用范围、方法、原则陈述和免责声明几个部分。

序言部分说明赤道原则的目的和意义。赤道原则旨在提供一套通用的基准和框架，在为项目提供融资活动相关的内部环境和社会政策、程序和标准中实施。赤道原则金融机构采用赤道原则以确保所融资和提供咨询服务的项目按照对社会负责的方式发展，并体现健全的环境管理惯例，有助于客户促进与当地受影响社区的关系。

适用范围部分说明赤道原则适用于全球各行业项目资金总成本达到或超过1000万美元的新项目融资及扩充或提升现有设备对环境或社会造成重大风险的现有项目。

方法包括项目融资和与项目相关的公司贷款、项目融资咨询服务和过桥贷款及信息共享。

原则陈述是赤道原则的核心部分，列举了采用赤道原则的金融机构（EPFIs，即赤道银行）做出投资决策时需依据的10条原则，赤道银行承诺仅会为符合条件的项目提供贷款。

第一条原则说明项目分类标准，根据项目对环境和社会的风险和影响程度将项目分为A类、B类或C类（即分别具有高、中、低级别的环境和社会风险）。

第二条说明环境和社会评估，对A类和B类项目要进行社会和环境评估并给出评估报告应包含的主要内容。

第三条说明适用的社会和环境标准，对位于非指定国家的项目，评估过程应符合当时适用的国际金融公司《环境和社会可持续性绩效标准》和世界银行《环境、健康和安全指南》；位于指定国家的项目，评估过程在环境和社会问题方面应符合东道国相关的法律法规和许可。

第四条说明环境和社会管理体系和赤道原则行动计划，要求借款人开发或维持一套环境和社会管理体系，制定环境和社会管理计划。

第五条规定利益相关者的参与，对于A类和B类项目，要求借款人与受到影响的利益相关者进行磋商，提供项目的风险和影响评估报告。

第六条规定投诉机制，对A类和部分视情况而定的B类项目，借款人应当建立投诉机制并将该机制告知受影响社区。

第七条规定独立审查，对于A类和部分视情况而定的B类项目，包括环境和社会管理计划、环境和社会管理体系及利益相关者的参与流程文件在内的评估文件，应由独立的社会和环境专家审查。

第八条规定借款人必须在融资文件中承诺的条款，包括符合环境和社会管理计划、赤道原则行动计划、定期提交报告和退役设备。

第九条规定独立监测和报告制度，要求借款人委任一名独立环境和社会顾问或聘请外部专家核实项目监测信息。

第十条说明报告和透明度，要求借款人提供能够在线获取的环境和社会影响评估的摘要；对于每年二氧化碳排放量超过10万公吨的项目，向公众批露项目运作阶段温室气体排放水平。

免责声明部分规定了赤道原则的法律效力，即赤道银行自愿独立采用和实施赤道原则。

（二）赤道银行经验

1. 战略和政策

赤道银行在战略上充分认识环境社会风险的影响，采纳国际公认的环境与社会标准及倡议，将环境和社会问题纳入信贷管理战略和项目融资领域，以降低银行风险。

制定了自身可持续政策，既包括环境和社会风险管理总体政策，又有针对特定行业和问题的政策。总体政策是环境与社会风险及信誉风险管理的指导性原则，是执行具体行业政策的指引。针对某一行业或问题的环境与社会风险管理政策体现了金融机构在环境敏感领域投融资的立场。最常见的政策涉及能源（主要是油气与核能）、采掘（矿产与金属业）、国防、林业及气候变化。渣打、汇丰和荷兰国际有一套涵盖不同行业和问题的环境与社会风险管理政策。例如，渣打有14个立场声明，指导其用何种方式向从事敏感行业或面临具体环境和社会问题的客户提供金融服务。

所有采纳赤道原则的金融机构都在项目融资中执行环境与社会风险管理政策，很多银行正在寻求将这些政策运用到其他类型的贷款业务中。对非项目融资业务，一些金融机构设置了标的额“门槛”，以判断是否进行环境与社会风险的尽职调查。

除赤道原则外，赤道银行还参照国际金融公司环境与社会绩效标准和环境、健康、安全通用指南，联合国全球契约，联合国人权宣言，国际劳工组织核心公约，棕榈油可持续发展圆桌会议标准及森林管理委员会认证等国际标准。

2. 组织管理

赤道银行在组织管理上高度重视可持续政策，形成专门的管理团队和完善的管理体系。由董事会层面负责可持续问题，审批环境与社会风险管理政策，并将高管考核与可持续发展绩效挂钩。形成了包括环境与社会风险管理团队、环境与社会风险卫士、一线信贷员、合规团队、法律团队在内的完整的风险管理组织团队。

3. 程序和工具

（1）赤道银行遵循赤道原则的规定，对项目融资交易进行环境与社会风险尽职调查。尽职调查通常要经过五个部门的审查，包括业务部门/前台、环境与社会风险卫士、专职风险管理团队、信贷委员会和更高一级的批准机构，步骤如图 3−1。

（2）根据赤道原则或国际金融公司绩效标准，赤道银行把项目融资交易的环境与社会风险分为 A、B、C 三类。有些银行将其他形式的项目和客户也进行环境与社会分级管理，而不仅限于项目融资交易，如花旗银行、伊塔乌贝贝亚银行和汇丰银行等。

（3）确定环境与社会风险后，采取风险规避措施将风险敞口降至可接受的水平。规避措施包括：要求客户制定和执行环境和社会风险管理行动方案、改变交易的负债/权益比率、将环境和社会的合规要求或表现纳入交易合约、要求客户对潜在的环境和社会风险投保、要求客户获得独立第三方对其环境和社会表现的担保及通过补偿机制减少对环境的影响等。如果项目的环境与社会风险被认为过高且难以降低到可接受的水平，则拒绝提供贷款。

4. 监督、报告和签证

赤道银行将交易/客户由于环境和社会风险而被批准或拒绝授信的情况记录在案。每年根据环境与社会合同来监督合规情况。多数银行有合规和绩效监督机制，以在交易中满足环境与社会要求。常用的做法是制定一个有时间要求的行动计划，附在贷款合同中，规定根据贷款文件指定的频率对合规性进行监督。

赤道银行以报告等形式披露其环境和社会风险。大多数银行在赤道原则规定的 10 项报告基础上，公布更多的内容。如南非标准银行公布按行业分类的项目融资借贷情况和咨询活动、按行业和风险水平分类的发展融资贷款数目、清洁发展机制项目数量、在能效和清洁能源项目上的投入及参与环境与社会风险评估系统培训的员工人数。

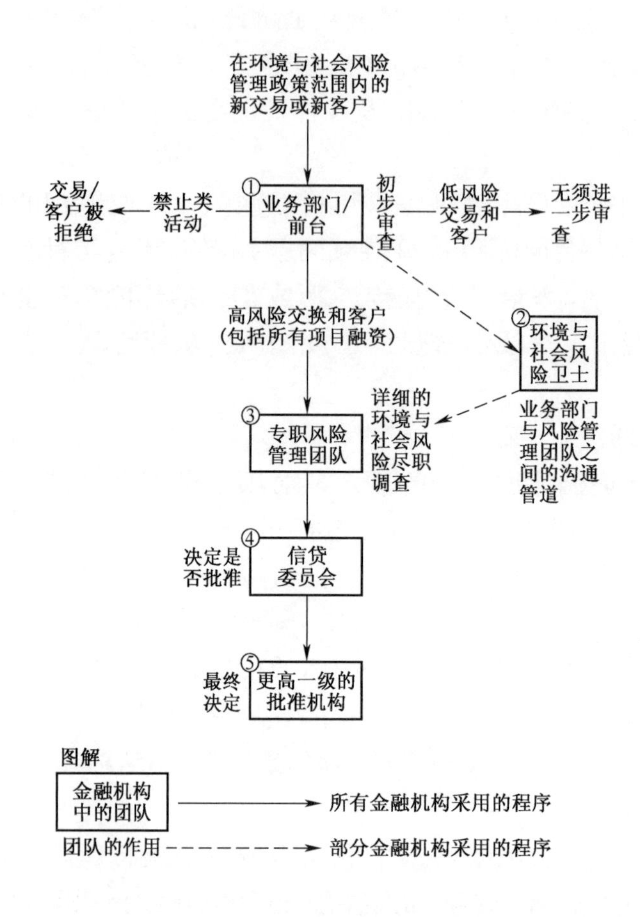

图 3-1 环境与社会风险管理流程

资料来源:银监会、WWF 和普华永道《中国银行业金融机构可持续绩效表现的国际比较研究》

赤道银行对环境与社会风险管理绩效和体系都进行内部审计。审计由选择性的交易审查组成，以确保金融机构进行适当的尽职调查，并遵守包括环境与社会风险管理总体政策在内的相关政策。

有些赤道银行聘请独立第三方对其环境与社会影响进行鉴证。鉴证通常有选择地对相关信息进行审查，包括按赤道原则要求报告的某些内容。

5. 能力建设

赤道银行进行的能力建设活动包括对于环境与社会风险管理团队及有关员工的培训、课堂培训、在线/远程培训、内部培训和外部培训等。培训项目的总体目标是：增长知识，提高意识，理解可能引起实质性信贷风险和信誉风险的环境与社会问题；将环境与社会风险管理打造成风险管理的有机组成部分；让从事信贷的员工熟悉如何实施有关环境与社会风险管理的政策和程序。

6. 可持续金融产品

国际领先的绿色银行提供了一系列可持续金融产品，包括对清洁技术、可再生资源、能效提供融资，碳销售、交易及发起，环境基础设施建设基金，环境和社会责任投资基金，社会金融，环境保险、可持续金融产品或服务的咨询业务以及其他服务等一系列可持续金融产品。

第二节 绿色信贷及绿色银行评价

绿色信贷起源于赤道原则，指的是商业银行和政策性银行等金融机构依据国家的环境经济政策和产业政策，对研发、生产治污设施，从事生态保护与建设，开发、利用新能源，从事循环经济生产、绿色制造和生态农业的企业或机构提供贷款扶持并实施优惠性的低利率，而对污染生产和污染企业的新建项目投资贷款和流动资金进行贷款额度限制并实施惩罚性高利率的政策手段，目的是引导资金和贷款流入促进国家环保事业的企业和机构，并从破坏、污染环境的企业和项目中适当抽离，从而实现资金的绿色配置。绿色信贷已经成为国际银行业推动可持续发展的重要工具。

绿色信贷包括三个核心内容：一是利用恰当的信贷政策和手段（包括贷款品种、期限、利率和制度等）支持环保和节能项目或企业；二是对违反环保和节能等相关法律法规的项目或企业采取停贷、缓贷，甚至收回贷款等处罚措施；三是贷款人运用信贷手段，引导和督促借款人防范环境风险，履行社会责任，并以此降低信贷风险。

一、绿色信贷的国际经验

（一）绿色信贷政策

1. 美 国

法律法规建设方面，美国关于环保方面的立法一直处在国际前沿，并且根据环境治理情况，不断修订法律法规，使其更有利于社会环境建设。20 世纪 70 年代以来，美国国会通过了二十多部涉及空气污染、水清洁、废物处理和土地污染等有关环境保护的法律，包括《清洁空气法》《固体废物处置法》《全面环境响应、补偿和负债法案》等。

激励机制方面，美国实施了大量支持和鼓励政策，刺激和促进绿色信贷产业的发展。税收政策作为政府调节环保经济的有效杠杆，是美国政府采取的一项重要措施。通过调低从事环保产业的企业税费来支持绿色信贷的发展，包括对从事节能环保的企业降低和免征环境税。对污染企业加倍征收企业税，包括排污治理税、空气污染治理税、噪音税及生产导致垃圾处理税等。在财政政策方面，如专门设立财政专项基金，对中小企业从事环保产业或环境友好型产业给予信贷优惠、信贷担保及援助，鼓励其履行环保义务。另外，商业银行在绿色、节能项目贷款发放中采用低息授信方式；利用国家出台的绿色经济政策，对符合标准的绿色项目采取“债券融资”的方式，此类债券通常期限长达 20 年，利率低至 3.3%。

风险管理方面，一方面部分银行主动接受了赤道原则，在绿色信贷审批中严格按照该原则的标准执行，使通过批准的项目贷款在符合环保资质的前提下降低了信贷风险。另一方面，银行内部建立了完善的风险防范体系，聘用专业人才评估信贷的风险指数，做到最大限度降低风险发生的概率。

同时，美国国内各商业银行也注意建立和完善自身的环保信息系统，真正做到与社会环境部门共享数据，建立有效的信息沟通机制。

2. 英　国

在绿色信贷法律法规建设方面，英国政府遵循可持续发展、污染者付费、污染预防三个基本原则，并且据此形成了环境影响评价体系、综合污染控制和环境管理标准。制定了《有毒废物处置法》《污染控制法》《环境保护法》《污染预防法》等法律。

英国为促进绿色信贷及相关环保法律法规的有效执行，出台了许多优惠政策来激励企业和银行开展绿色环保项目。如“贷款担保计划”是英国政府向那些资信评级等条件不足，无法通过金融机构的标准程序获得贷款的中小企业提供的贷款担保，担保的企业所属的行业包括节能环保业、生产治污设备的行业，绿色建筑服务业等，不包括高能耗、高污染行业。

英国在风险控制方面强调关注政策引导行业的发展方向，因为法律明确规定高能耗、高污染行业应就生产过程中对环境造成的危害承当相应的责任，并承担治理污染的费用，所以，商业银行向此类行业的贷款一方面违反了国家环保政策，另一方面给贷款带来极大的风险。因此为了提高自己的社会声誉，降低贷款损失的风险，银行愿意以损失部分利润为代价，主动将环境因素纳入信贷考核标准中。

3. 日　本

20 世纪 50 年代开始，日本相继出台了多部环境治理方面的法律法规，包括《公害对策基本法》《自然环境保全法》《环境基本法》《建立循环型社会基本法》《可循环食品资源循环法》《绿色采购法》等。

日本政府主要通过财政补贴、贷款优惠、税收减免及援助机制激励企业主动开展绿色环保项目。例如，设置专项融通资金，为废弃物处理和再生资源化企业提供低息贷款；对购买和使用符合国家环保标准的设备提供低息贷款；对研发提升环保质量的技术提供补助；对引进清洁能源设备加工生产的企业给予补贴。在税款征收方面，对节能减排、环保类设备减少折旧年限，采用优惠方法提取折旧，尽可能地降低设备使用成本。在税额抵扣与退还方面，对污染材料再生处理类设备，在正常的使用折旧年限内，除一般设备规定的退免税款外，还提出特殊退税事项，比如按照购买价款的14%进行特别退税。

风险管理方面，日本商业银行自愿加入赤道原则，并制定一系列的管理机制。如瑞穗实业银行制定内部信贷审批具体操作手册和《瑞穗实业银行实施赤道原则操作指引》，详细规定了绿色信贷业务的执行细则。设立可持续发展部，负责对绿色项目贷款进行审查，评估贷款客户的环境资质。

（二）绿色信贷产品

1. 住房抵押贷款

针对购买新型节能房屋或投资于改造、节能设备或绿色电力的客户，绿色抵押贷款或节能抵押贷款（EEM）为零售客户提供远远低于市场水平的贷款利率。比较成功的产品包括英国联合金融服务社推出生态家庭贷款，每年为所有房屋购买交易提供免费家用能源评估及二氧化碳抵销服务；荷兰银行发行政府主导的“绿色”抵押贷款计划，为符合环保标准的贷款减息1%；澳大利亚本迪戈银行推出GenerationGreen房屋贷款，为新旧房屋提供抵押贷款则可享受优惠利率，但所有项目必须达到并超过国家要求；花旗集团帮助贷款人购买节能型住房及使用公共交通，产品有多种方案和灵活的条款可供选择；加拿大国家住房抵押贷款公司（加拿大帝国商业银行，加拿大蒙特利尔银行）为抵押贷款保险提供提高10%的溢价退款及最长35年的延期分期付款的优惠政策，用于购买节能型住房或进行节能改造，退款方式为一次性付款。

2. 商业建筑贷款

针对比传统建筑能耗低15%～25%、废弃物和污染物都更少的“绿色”商业建筑提供优惠贷款。美国新能源银行向绿色项目中商业或多用居住单元提供0.125%的贷款折扣优惠；美国富国银行为建筑提供首次抵押贷款，为LEED认证的节能商业建筑物提供第一抵押贷款和再融资，如具有较低的运营成本和较高的性能，则开发商不必为“绿色”商业建筑物支付初始的保险费。

3. 房屋净值贷款

房屋净值贷款（有时被称为“二次抵押贷款”）通过降低利率来鼓励住户使用住宅可再生能源（电力或热力）技术。金融机构通常与技术供应商和环保类非政府组织合作开发此类产品。如花旗集团与夏普电气公司签订联合营销协议，向购置民用太阳能技术的客户提供便捷的融资；美洲银行则根据环保房屋净值贷款申请人所使用的 VISA 卡消费金额，按一定比例捐献给环保非政府组织；新能源银行与高能效太阳能技术供应商 SunPower 公司合作推出“一站式太阳能融资”计划，通过为客户提供优惠贷款来获得可再生的太阳能电力，贷款期限 25 年，相当于太阳能面板的产品保证期，并且太阳能贷款利息支出免税，进一步降低了成本。

4. 汽车贷款

绿色汽车贷款以低于市场水平的利率鼓励客户使用温室气体密集度低或节油等级高的汽车。温哥华城市银行的清洁空气汽车贷款，向所有低排放的车型提供优惠利率；澳大利亚 MECU 银行的 Gogreen 汽车贷款，是世界公认的成功的绿色金融产品，也是澳大利亚第一个要求贷款者种树以吸收私家汽车排放的贷款，此项贷款产品自推出以来，使该银行的车贷增长了 45%。

5. 运输贷款

运输公司可以使用各类技术来节省燃油成本以及减轻对环境的污染，但是，许多运输公司缺少采购此等技术所需的前期投资资金。美洲银行与美国环境保护署(EPA)及国内运输部门合作，提供小型企业管理快速贷款，该项贷款无需担保且配有灵活的条款，可供运输公司购买节油技术。贷款还可以用于购买美国环保署 SmartWay 升级套餐，该产品包含“配有排放控制装置的高效节油技术”，能够将汽车节油率提高至 15%。自 2006 年 11 月推出以来，运输贷款计划已经帮助运输公司节省了大量燃油和资金，同时还减少了导致空气质量下降和气候变化的气体排放。此外，由于每月节省的资金要多于还贷成本，也增加了还贷者的收益。

6. 绿色信用卡

与环保活动挂钩的信用卡是广义绿色产品家族的一员。多数大型信用卡公司提供的“绿色”信用卡通常会提供非政府组织的捐款，大致相当于持卡者每次购物、余额转移或预支现金时的 0. 5 个百分点。荷兰拉博银行推出的气候信用卡，每年按信用卡购买能源密集型产品和服务的金额捐献一定比例给世界野生动物基金会；英国巴克莱银行的信用卡，向该卡用户购买绿色产品和服务提供折扣及较低的借款利率，信用卡利润的 50%用于世界范围内的碳减排项目；美国美洲银行现有的持卡人可以将 VisaWorldPoints 的奖金捐赠给投资于温室气体减排的组织，或用来兑换“绿色”商品。

7. 项目融资

对绿色项目给予贷款优惠，如爱尔兰银行对“转废为能项目”的融资，只需与当地政府签订废物处理合同并承诺支持合同范围内的废物处理费就给予长达25年的贷款支持。

二、中国绿色信贷政策

(一) 发展历程

绿色信贷是中国绿色金融体系起步最早的领域，政策框架的建立经历了起步、引导推动和全面构建三个阶段。

1995年，国家环保总局与中国人民银行就分别发布了《关于贯彻信贷政策与加强环境保护工作有关问题的通知》和《关于运用信贷政策促进环境保护工作的通知》，要求各级金融部门在借贷的同时要考察企业生产行为对环境的潜在影响。如果企业行为的评估不符合绿色标准，则不予贷款；如果企业行为符合绿色标准，则鼓励金融机构对其贷款并提供相应的利率优惠政策。这一政策的出台可以看作是“绿色信贷”的雏形。

2007年，中国人民银行、国家环保总局与银监会共同发布了《关于落实环境保护政策法规防范信贷风险的意见》，首次提出“绿色信贷”，要求金融机构根据国家建设项目环境保护管理规定、环保部门通报情况和国家产业政策进行贷款的审批和发放。同年11月，银监会颁布的《节能减排授信工作指导意见》更为全面和深入地对银行业金融机构落实国家节能减排战略，调整和优化信贷结构，为进行环境风险管理作出了安排。各级银监部门与环保部门对企业和项目的环境违法违规信息的共享功能也得到加强，有力地支持了银行业金融机构的信贷业务开展和环境风险防范。

2012年，银监会发布《绿色信贷指引》，督促银行业金融机构在组织管理、政策制度及能力建设、流程管理、内控与信息披露及监督检查等方面推进绿色信贷，有效防范环境与社会风险。作为绿色信贷的纲领性文件，《绿色信贷指引》的发布标志着中国进入全面构建绿色信贷政策框架的阶段。以《绿色信贷指引》为依据，银监会分别于2013年和2014年印发了《绿色信贷统计制度》和《绿色信贷实施情况关键评价指标》，银行业金融机构开展绿色信贷业务得到进一步的规范，监管机构也可以更全面地跟踪监测银行业金融机构落实绿色信贷的进展情况和效果。银监会还要求银行业金融机构以关键指标的填报和评估为基础，提交绿色信贷实施情况自评价报告。

(二) 绿色信贷政策主要内容

《绿色信贷指引》从以下六个方面明确了监管要求。

(1)从三个角度着力推进绿色信贷。银行业金融机构应加大对绿色经济、低碳经济、循环经济的支持；严密防范环境和社会风险；关注银行业金融机构自身的环境和社会表现，提升银行业金融机构自身的业务水平。

(2)有效控制环境和社会风险。银行业金融机构应重点关注客户及重要关联方在建设、生产、经营活动中可能给环境和社会带来的危害及相关风险，包括耗能、污染、土地、健康、安全等相关的环境与社会问题。

(3)加强绿色信贷的组织管理。银行业金融机构应树立绿色信贷理念，确定绿色信贷发展战略和目标，建立相关机制和流程，开展内控检查和考核评价，明确高层管理人员和机构管理部门责任，配备相应资源，从组织上确保绿色信贷的顺利实施。

(4)完善绿色信贷政策制度及能力建设。银行业金融机构应完善环境和社会风险管理政策、制度和流程，明确绿色信贷的支持方向和重点领域，推动绿色信贷创新，实行有差别、动态的授信政策，并实施风险敞口管理制度，建立健全绿色信贷标识和统计制度，完善相关信贷管理系统。

(5)在授信流程中强化环境和社会风险管理。银行业金融机构应加强授信尽职调查、严格合规审查、制定合规风险审查清单、加强信贷资金拨付管理和贷后管理，从贷前、贷中和贷后加强对环境和社会风险的管理。

(6)完善内控管理与信息披露。银行业金融机构应至少每两年开展一次绿色信贷的全面评估工作，将绿色信贷执行情况纳入内控合规检查范围，建立绿色信贷考核评价和奖惩体系，公开绿色信贷战略、政策及绿色信贷发展情况。

2013 年，在征求相关部委、主要银行机构、国际组织和国内外专家意见的基础上，银监会制定了《绿色信贷统计制度》，对银行业金融机构开展绿色信贷业务进一步加以规范。

《绿色信贷统计制度》对银行业金融机构涉及的环境、安全重大风险企业信贷及节能环保项目、服务贷款情况进行了统计。统计制度通过归纳分类，明确了 12 类节能环保项目和服务的绿色信贷统计范畴，并对其形成的年节能减排能力进行统计，包括标准煤、二氧化碳减排当量、化学需氧量、氨氮、二氧化硫、氮氧化物、节水等 7 项指标。

三、绿色银行评价

2014 年 12 月，银监会办公厅公开发布《绿色信贷实施情况关键评价指标》，定期披露主要银行业金融机构的绿色信贷数据，要求银行对照绿色信贷实施情况关键评价指标，定期开展绿色信贷实施情况自评工作。2017 年 12

月，中国银行业协会发布《中国银行业绿色银行评价实施方案》，绿色银行评价遵循“专业、独立、公正”的原则，全面、审慎、客观评价参评银行的绿色银行工作情况，引导银行业在“风险可控，商业可持续”的前提下，积极支持绿色、循环、低碳经济，有效防范环境和社会风险，提升银行机构自身环境和社会表现。

绿色银行评价指标分定性评价指标和定量评价指标两大部分。

定性评价主要包括以下几个方面：

1. 组织管理

（1）董事会职责：

目标：确保绿色信贷战略和目标得到有效确立、监督和实施。

核心指标：董事会批准支持绿色、低碳、循环经济，加强环境和社会风险管理，提升机构环境和社会表现的绿色信贷战略；批准实施绿色信贷战略的年度和中长期目标；监督绿色信贷战略的实施及达标；向管理团队提出汇报要求，明确管理团队应承担的汇报职责；指定专门委员会，负责监督绿色信贷战略实施和达标；在董事会中配备一名有绿色信贷专长的董事；董事会审计委员会通过聘请第三方审计机构、委托银行内部审计部门等方式抽查一些典型项目，对其环境和社会风险管理情况进行专项审计；董事会薪酬委员加强监督，确保绿色信贷实施情况在高管人员和其他员工绩效考核中得到恰当体现。

（2）高级管理层职责：

目标：确保绿色信贷战略实施所需的高层管理制度得到有效建立。

核心指标：制定绿色信贷战略；设定实施绿色信贷战略的年度及中长期目标，并按地区、条线等进行分解落实；批准实施绿色信贷战略的政策和程序；确定实施绿色信贷战略的职责划分；针对绿色信贷战略的主要目标实施内控和绩效评估；定期（至少一年一次）向董事会报告绿色信贷战略实施情况。

（3）归口管理：

目标：确保绿色信贷战略的实施有专人负责、落实部门归口管理并配备相应资源。

核心指标：由高级管理层指定高管人员或牵头管理部门，负责绿色信贷战略的落实；由高级管理层为落实绿色信贷战略配备所需的相关资源。

可选指标：设立跨部门的绿色信贷委员会，协调相关工作。

2. 政策制度及能力建设

（1）制定政策：

目标：制定支持绿色、低碳、循环经济，加强环境和社会风险管理，提升自身环境和社会表现的具体政策。

核心指标：制定绿色信贷支持方向、重点领域的相关政策；制定环境和社会风险管理的政策，包括流程和操作程序等。对本机构贷款额较多且属限制类或有重大环境和社会风险的行业制定专门的授信指引，明确有差别、动态的授信政策，并对这些行业实行风险敞口管理；制定提升机构环境和社会表现的政策。

(2) 分类管理：

目标：根据客户的环境与社会风险对其进行分类管理。

核心指标：明确评估客户环境和社会风险的（参照）标准。将客户分为不同的类别。A 类：建设、生产、经营活动有可能严重改变环境原状且产生的不良环境和社会后果不易消除的客户。B 类：建设、生产、经营活动将产生不良环境和社会后果但较易通过缓释措施加以消除的客户。C 类：建设、生产、经营活动不会产生明显不良环境和社会后果的客户。

对 A 和 B 类客户控制环境和社会风险的进展情况进行动态评估，相关结果应作为其评级、信贷准入、管理和退出的重要依据，并在贷款“三查”、贷款定价和经济资本分配等方面采取差别化的风险管理措施。

对存在重大环境和社会风险的客户实行名单制管理，对进入名单制的客户，针对其面临的环境和社会风险的特点，要求其采取有针对性的风险缓释措施，包括制定并落实重大风险应对预案，建立充分、有效的利益相关方沟通机制，寻求第三方分担环境和社会风险等。

(3) 绿色创新：

目标：促进绿色信贷创新。

核心指标：通过合理分配经济资本、信贷资源等有效方式优先支持绿色信贷产品和服务的发展；优化内部流程，为绿色信贷产品和金融服务研发、审批、推广提供“绿色”通道；积极发展与绿色、低碳、循环经济有关的金融产品和服务；结合促进“三农”、小微企业金融服务的监管导向，积极发展针对“三农”、小微企业的绿色信贷产品和金融服务；积极发展电子银行业务等新兴银行服务业。

(4) 自身表现：

目标：优化机构环境并改观社会表现。

核心指标：加强绿色信贷理念教育，推行全员绿色行动。

关注员工诉求，维护职工合法权益，履行社会责任，为残疾人提供相匹配的就业岗位。

(5) 能力建设：

目标：提高本机构的绿色信贷能力。

核心指标：加强绿色信贷能力建设，在专业职位和管理岗位设置中充分考虑绿色信贷知识与专长要求；建立客户环境和社会风险分类标识，并嵌入本机构的信贷管理系统、IT 系统和客户统计系统中；根据监管要求，建立并实施绿色信贷统计制度。

加强员工队伍建设，持续开展绿色信贷培训，培育和引进相关专业人才；加强团队建设，形成绿色信贷团队合力。

对 A 类客户、属于 B 类但本机构对其风险缺乏充足信息和可靠判断的客户以及本机构认为有重大环境和社会风险的其他客户，必要时可借助第三方对环境和社会风险进行评审或通过其他有效的服务外包方式，获得相关专业服务。

3. 流程管理

（1）尽职调查：

目标：加强对客户及其项目的环境和社会风险的尽职调查。

核心指标：明确相关制度和流程，将客户的环境和社会风险尽职调查作为重要一环纳入授信前的尽职调查流程之中；确保进行尽职调查的员工具有关于环境和社会风险的知识和经验，或必要时在有关专家的协助下，足以对拟授信企业和项目的环境和社会风险的严重程度做出恰当的判断；根据客户及其项目所处行业、区域特点，明确其环境和社会风险的调查内容；分行业、分类型制定并执行标准化的环境和社会风险尽职调查清单，并对特殊客户制定和执行补充清单；对客户提供的环境和社会风险信息及从其他渠道（主管部门、行业协会、征信机构、监管部门、媒体、群众等）获得的客户环境和社会风险信息进行有效比对，掌握客户的环境和社会风险；在全面、深入、细致调查客户及其项目的环境和社会风险的基础上，综合评价客户管理环境和社会风险的意愿、能力和历史记录，对客户进行初步的环境和社会风险类别分类；对环境和社会风险的复杂、严重程度难以判断的客户及其项目，可寻求第三方调查，并向政府主管部门咨询。

（2）合规审查：

目标：对客户及其项目面临的环境和社会风险进行严格的合规审查，确保形式合规，确信实质合规。

核心指标：明确相关制度和流程，将客户的环境和社会风险作为合规审查的重要内容；确保从事项目合规审查的员工具有足够的知识和经验，或在必要时在有关专家的协助下，对拟授信项目的形式和实质合规要求做出适当的判断；针对不同行业的客户及其项目特点，制定标准化的环境、社会方面的合规文件清单和合规风险点审查清单，并确保这些风险点在客户提交的各类合规审查文件中得到足够的关注和说明；针对客户及其项目面临的环境和社会风险的性质及严重程度，要求客户提供合规审查文件，审核并确信这些文件的权威性、完整性和相关程序的合法性，确保形式合规；本机构还做出必要和适当的努力，确信客户足够重视环境和社会风险，并能进行有效的动态控制，符合实质合规要求；确信拟授信项目实质上符合国家的产业政策要求和产业发展的技术经济趋势，与项目环评与规划环评的总要求相容，项目技术经济标准向国内先进水平和国际水平看齐。

(3) 授信审批：

目标：针对客户的环境和社会风险，强化授信审批管理，落实风险缓释措施。

核心指标：由环境和社会风险管理团队最终确认客户面临的环境和社会风险的性质及严重程度，并将其划入适当类别，实行动态管理。

对A或B类的客户，风险管理团队应对其风险出具书面审查意见，供授信审批部门及其他条线参考。环境和风险审查意见应涵盖以下内容：

(a) 客户（或项目）的潜在环境和社会风险点；

(b) 客户（或项目）后续应采取的环境和社会风险管理措施；

(c) 对客户（或项目）环境和社会风险状况的总体评价。

根据客户所处环境和社会风险类别，设立差别化的授信流程和权限：

(d) 对环境和社会风险分类为C的客户，直接进入正常授信流程；

(e) 对环境和社会风险管理团队出具负面审查意见的A类或B类客户，不得进入授信审批流程；

(f) 对环境和社会风险管理团队出具正面审查意见且分类为B的客户，项目贷款、固定资产贷款等中长期授信至少应在分行或其以上层级审批；

(g) 对环境和社会风险团队出具正面审查意见且分类为A的客户，项目贷款、固定资产贷款等中长期授信应在授信权限最高的总行审批。

对用于支持绿色、低碳、循环经济的授信申请，在同等条件下优先审批。

可选指标：对分类为A类或B类的拟授信客户及其项目，寻求以下适当方式缓释授信风险：

(a) 要求提高资本金比例；

(b) 要求发行中长期公司债（企业债）；

(c) 要求加强节能环保、安全生产的技改项目和投改计划；

(d) 要求有效控制项目的资产、现金流、经营权等；

(e) 要求对项目投保建设期保险，投保与环境和社会风险有关的工程责任险、环境责任险、产品责任险等，并在合适时，将贷款人列为第一顺位保险赔付受益人；

(f) 要求为受到安全、健康潜在危害的员工购买相关人身损害保险和医疗保险；

(g) 通过银团贷款加强管理，分散风险；

(h) 其他可行的风险缓释办法。

（4）合同管理：

目标：以有力的合同条款督促客户加强环境和社会风险管理。

核心指标：对 A 类或 B 类客户，授信合同中应包含督促客户加强环境和社会风险管理的独立条款；对 A 类客户，应在签订授信合同的基础上，与其订立加强环境和社会风险管理的补充合同。

（5）资金拨付管理：

目标：在资金拨付管理环节上督促客户加强环境和社会风险管理。

核心指标：将客户对环境和社会风险的管理状况作为资金拨付审核的重要内容；在资金拨付审核中发现客户存在重大风险隐患的，可中止直至终止信贷资金拨付；重视和加强对项目建设授信资金的拨付管理，制定项目资金拨付和管理的办法和程序，确保拨付规定能够得到实际执行。

（6）贷后管理：

目标：采取综合措施，对有潜在重大环境和社会风险的客户加强贷后管理。

核心指标：对于 A 类客户，应由总行的环境和社会风险管理团队制定专门的贷后管理措施，包括但不限于以下条件：

（a）要求客户至少每半年一次报告环境和社会风险管理制度及风险应对计划执行情况；

（b）贷款机构至少每半年一次到客户现场检查其环境和社会风险管理制度及风险应对计划执行情况；

（c）必要时，可委托合格、独立的第三方对客户的环境和社会风险管理制度及风险应对计划执行情况进行检查和评估。

对于 B 类客户，应在总行的环境和社会风险管理团队指导下，由分行制定专门的贷后管理措施，包括但不限于以下条件：

（a）要求客户至少每年一次报告环境和社会风险管理制度及风险应对计划执行情况；

（b）贷款机构至少每年一次到客户现场检查其环境和社会风险管理制度及风险应对计划执行情况；

（c）必要时，可委托合格、独立的第三方对客户的环境和社会风险管理制度及风险应对计划执行情况进行检查和评估。

密切关注国家政策对客户经营状况的影响，加强动态分析，并在资产风险分类、准备计提、损失核销等方面及时做出调整。

建立健全客户重大环境和社会风险的内部报告制度和责任追究制度。在客户发生重大环境和社会风险事件时，应及时采取相关的风险处置措施，并就该事件可能对银行机构造成的影响向监管部门报告。

(7) 环外项目管理：

目标：加强对拟授信的境外项目的环境和社会风险管理。

核心指标：确保从事境外项目融资的人员，对项目所在国有关环保、土地、安全、健康等法律法规有足够的了解，对境外项目的环境和社会风险管理有足够经验，或在必要时在有关专家的协助下，对拟授信项目的环境和社会风险以及项目发起人的风险管理意愿和能力能做出恰当的判断。

对授信的境外融资项目的环境和社会风险，实行全流程的管理。对拟授信的境外项目承诺采用相关国际惯例或国际准则，如承诺采纳《赤道原则》，签约加入联合国《全球契约》，签约加入联合国环境规划署《金融倡议》，签约加入联合国环境规划署《银行界关于环境与可持续发展的声明》。

对国际融资项目的环境社会风险进行评估和控制的国际良好做法有充分了解，确保本机构对拟融资项目的操作与国际良好做法在实质上保持一致。

对因环境和社会风险产生较大争议的拟授信境外融资项目，应聘请合格、独立的第三方对其环境和社会风险进行评估和检查。

4. 内控管理与信息披露

(1) 内控检查：

目标：加强对绿色信贷的内控检查。

核心指标：明确绿色信贷内控检查范围：

(a) 支持绿色、低碳、循环经济，严控“两高一剩”(不含转型升级部分)、落后产能的信贷情况；

(b) 督促客户加强环境和社会风险，严控由此引发的各类信贷风险的情况；

(c) 机构自身环境和社会表现情况。

加大对重大环境和社会风险的内控合规检查：

(a) 对国家环保、安全生产等部门确定的违法违规重点整治行业和地区，在排查相关客户风险基础上，开展专项内控检查；

(b) 对国家环保、安全生产等主管部门认定存在重大违法违规，而本机构又有贷款的客户及其项目，开展专项内控检查；

(c) 对于 A 类客户，定期开展专项内控检查；

(d) 对于 B 类客户，定期进行内控管理抽查。

将绿色信贷制度、流程、执行情况纳入内部审计，必要时可开展专项审计。

内控合规检查和内部审计发现重大问题的，应制定整改措施，督促相关部门、分支行进行整改。涉及个人责任的，应记录在案并按规定问责；涉及高管人员的，还应报告监管部门。

（2）考核评价：

目标：加强对绿色信贷的考核评价。

核心指标：在综合绩效考评指标体系中，设立绿色信贷考核评价指标，定期对相关条线、分支机构开展考评工作，指标包括：

（a）与业务条线有关的考核评价指标；

（b）与环境和社会风险管理有关的考核评价指标；

（c）与机构自身环境和社会表现有关的考核评价指标。

加强绿色信贷考评结果的应用管理，制定激励约束措施，优化信贷结构，提高服务水平，促进发展方式转变。

在机构内公布或向特定对象反馈绿色信贷考核评价指标和考评结果。

（3）信息披露：

目标：加强信息披露，接受利益相关方监督。

核心指标：发布本机构的绿色信贷、社会责任报告和可持续发展报告，披露利益相关方关心的信息；依据法律法规披露涉及重大环境与社会风险影响的具体项目的授信情况，接受市场和利益相关方的监督；以各种有效方式与利益相关者进行沟通和互动，通过吸收利益相关方提出的建议和意见，改进本机构对环境和社会风险的管理；聘请合格、独立的第三方，对本机构在履行环境和社会责任方面的活动进行评估或审计。

5. 监督检查

自我评估：目标为确保绿色信贷全面系统持续发展。

核心指标：组建跨部门绿色信贷评价团队，必要时可邀请外部专家参加，至少每两年开展一次绿色信贷的全面评估工作，并向银监会报送自我评估报告。

根据评价结果和监管部门指导意见，制定整改措施，持续改善绿色信贷工作的薄弱环节，不断提升绿色信贷工作水平。

定量评价指标有核心指标和可选指标两类。核心指标为支持及限制类贷款情况，包括节能环保项目及服务贷款，节能环保、新能源、新能源汽车贷款两类合计年内增减值；涉及“两高一剩”行业贷款情况（扣除转型升级部分）、落后产能且尚未完成淘汰的企业信贷情况、环境保护违法违规且尚未完成整改的企业信贷情况、安全生产违法违规且尚未完成整改的企业信贷情况、每亿元贷款的二氧化碳减排当量和主要电子银行业务等发展情况。可选指标包括机构的环境和社会表现、绿色信贷培训教育情况、与利益相关方的互动情况。

第三节 中国绿色银行体系构建方案及案例

一、中国绿色银行体系

2015 年 5 月，由中国人民银行研究局与联合国环境署可持续金融项目联合发起、40 位专家参与的绿色金融工作小组在《构建中国绿色金融体系》研究报告中提出了在三个层次上建立我国绿色银行体系的建议，如图 3–2。

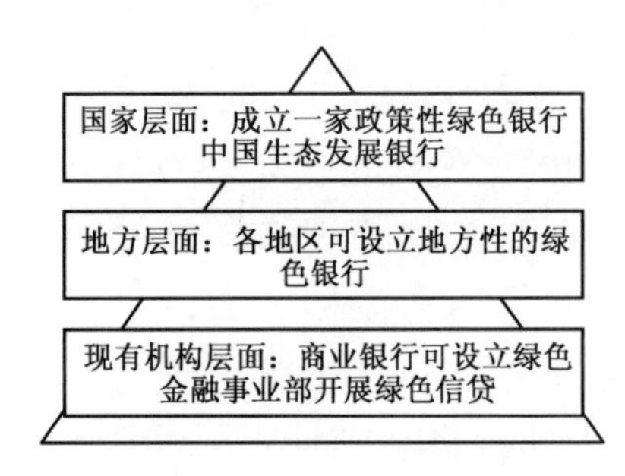

图 3–2 中国绿色银行体系

资料来源：绿色金融工作小组《构建中国绿色金融体系》研究报告

首先，在国家层面建立“中国生态发展银行”。国家级的中国生态发展银行是整个绿色银行体系的核心，将在整个绿色银行体系中发挥牵头引领作用。包括三个方面的内容：一是较大规模地发行绿色债券、绿色资产证券化产品等金融工具，支撑并逐步形成绿色金融交易市场，为市场提供“绿色基准利率”等；二是在信贷领域发挥行业领军作用，推动完善绿色信贷指引和行业标准，作为银团牵头行开展业务，引领其他金融机构资金进入等；三是发挥融资加融智作用，为绿色行业信贷融资提供技术援助及顾问服务，培养专业绿色信贷人才队伍等。

其次，建立服务于当地的地方性绿色银行，以形成全国范围的绿色银行体系。目前，山东青岛、福建等地的地方政府和有实力的民营企业家已经开始酝酿筹建当地的绿色银行，并考虑部分引入外资。在国家级的绿色银行成立之前，地方性的绿色银行可以作为审批下一批民营银行的重点考虑对象。

最后，在现有机构层面，大中型银行（包括国有银行、股份制银行）可设立绿色金融事业部加快对绿色金融业务的拓展。

地方性的绿色银行及其他商业银行可通过购买绿色债券、参与银团贷款、购买绿色资产支持证券化产品、向中小企业发放贷款等方式参与绿色金融体系的发展。

此外，另有研究者提出可以通过丝路基金、亚洲基础设施投资银行、金砖银行等对外投资和开发性机构依据绿色金融准则开展绿色投融资。

二、中国生态发展银行的构建

（一）性质和任务

中国生态发展银行是国家层面促进可持续发展的银行，既可以由政府控股设立，吸引社会资金参与，也可基于市场原则设立并由政府提供适当政策支持，主要由民间出资构建。主要任务是：为绿色贷款建立长期稳定的资金来源；筹建和引导社会资金用于绿色产业建设；建立投资约束和风险责任机制，提高投资效益，促进绿色产业持续、快速、健康发展。

（二）股权结构

按照“政府引导、股权多元、市场运作、国际协同”的原则设计股权结构，初步考虑注册资本应不低于 1000 亿元人民币，可以分几年逐步到位。其中政府出资部分可来自财政部或考虑外汇储备注资，资本金的其他来源可包括社保基金、保险公司、大型国企等具有长期投资意愿的机构，以及国际组织、外资机构、大型民企等。中国生态发展银行可以成为国家级的以 PPP 模式动员民间资本进入绿色行业的样板。

另外一个考虑的选项是由国家开发银行成立子公司的形式发起中国生态发展银行，其他民间和国外资金也可以入股。

（三）其他资金来源和筹措办法

一是定向低息再贷款。在绿色债券市场尚不成熟的成立初期，或在某些特殊情况下，可考虑由人民银行通过定向的低息再贷款或抵押补充贷款为生态发展银行筹资。

二是发行绿色金融债券。绿色金融债券应当作为生态发展银行的主要资金来源之一。作为政策性银行，绿色债券的债信评级应保持在准主权级，以保证信贷资金的低成本。

三是发行绿色资产支持证券化产品。优质的绿色信贷资产可由生态发展银行通过发行绿色资产支持证券化产品出售，成为另一个重要筹资来源。

四是向国外筹集资金。条件成熟时，可允许生态发展银行在国际市场融资，包括发行面向国际的本外币债券，筹措国际商业贷款等，以匹配自身可能的国际业务需求。

(四) 组织架构

中国生态发展银行可采用事业部制，由“基础设施事业部”“环保设备事业部”“新能源事业部”和“绿色产业基金”四部分组成。其中，“基础设施事业部”主要负责重大生态环保基础设施项目的中长期贷款，包括江河湖海的综合治理工程、水利设施、公共交通系统、垃圾处理等；“环保设备事业部”主要支持环保设备生产相关企业的贷款，包括节能设备、污染处理设备、提升能效设备、循环利用设备等；“新能源事业部”主要支持新能源发展，包括风电、核电、太阳能、新能源汽车等；“绿色产业基金”主要以风险投资、私募股权投资等方式支持高风险创业型企业的初期发展。

(五) 资金运用与风险防控

构建市场化运作的资金运用与管理体系，初期可借鉴国家开发银行绿色信贷业务的相关评审、贷后管理和风险防控的相关经验，并结合国外绿色银行运营经验，形成市场化的资金运作体系。具体可以从以下几方面入手：一是规划先行，以融资加融智的模式构建和孵化项目。二是充分利用组织优势，整合国家信用、银行信用和政府信用，进行制度建设、信用建设和市场建设。三是构建多样的市场化资金来源，通过多渠道为项目现金流提供保障。

三、主要成功案例分析

(一) 国家开发银行绿色金融实践

1. 绿色金融制度建设

绿色金融是落实供给侧结构性改革的具体举措。国家开发银行作为中国支持绿色发展的主力银行，严格控制煤炭、钢铁等高污染、高耗能行业贷款增长，优化信贷资源配置，重点推进循环经济、环保基础设施、大气污染防治、绿色交通、新能源发电、工业节能节水等领域建设。在绿色金融服务实践中，国家开发银行形成了一套具有开发性金融特色、行之有效的绿色金融制度和方法。

制度建设方面，国家开发银行先后制定了《绿色信贷工作方案》《绿色信贷管理暂行办法》《授信投向指引》《环保及节能减排工作方案》等多个文件，从绿色信贷整体要求、环境和社会风险管理、重点信贷投向等方面提出了具体要求，也对支持节能减排、环境保护和安全生产，特别是针对高耗能、高排放和产能过剩行业的信贷准入和退出政策、评审审批条件等有明确规定，指导全行开展低碳金融等绿色信贷业务。同时，成立了绿色信贷工作组，明确了全行绿色信贷工作目标、工作机制和职责分工等内容。

机制建设方面，深化银政合作，推动绿色金融制度建设。国家开发银行参与了银监会《绿色信贷指引》、环保部《大气污染防治行动计划》《水污染防治行动计划》《全面实施燃煤电厂超低排放和节能改造工作方案》等政策制定。与生态环境部、工业和信息化部等部委和地方政府建立对接机制，其中与工业和信息部联合筛选 154 个工业节能项目储备。积极培育市场化主体，以特许经营、政府与社会资本合作、合同能源管理等创新模式解决绿色项目融资难题。

重点支持循环经济、大气和水污染防治、流域治理、节能环保产业、清洁及可再生能源、绿色农业、绿色交通等领域，以及城市污水处理、生活垃圾处置等与人民生活密切相关的环境领域。

大气治理领域，制定《国家开发银行支持大气污染防治工作方案》，支持工业企业和城镇大气污染防治项目；推进清洁能源在工业生产和居民生活中的广泛应用；与环保部合作，拓宽大气治理项目的融资渠道；支持新能源汽车产业和城市轨道交通发展，降低公众出行的尾气排放；支持平原造林工程。

可持续能源领域，支持国内水电、风电、光伏发电等清洁能源替代项目；向境外可再生能源发电项目发放贷款，有效支持周边国家及美洲、欧洲等主要国家水电、风电、光伏等可再生能源的建设。

循环经济领域，重点支持具有低污染、低排放、高效率特点的循环经济领域。携手发改委等部门，探索循环经济的规模化发展途径；联合相关企业和研究机构，推动资源综合利用、循环经济园区、再制造产业化等循环经济重点领域的发展。

流域综合治理领域，致力于流域综合治理，大力推进太湖、滇池等重点流域综合治理。

煤炭清洁高效利用领域，关注煤炭生产和利用方式变革，推动煤炭使用由燃料向原料与燃料并举转变，支持煤炭液化、煤制天然气等国家鼓励的新型煤化工示范项目；融资促进煤炭企业兼并重组和资源整合，加速煤炭产业转型升级；支持煤层气（煤矿瓦斯）抽采利用，弥补中东部地区天然气资源不足。

城市综合治理领域，支持湖泊生态综合治理、城市污水治理、垃圾无害化处理等城市环境治理项目，让城市更加宜人宜居。

2. 绿色金融产品及环境效益

国家开发银行为企业提供多元化服务，形成以中长期贷款为主，投资、债券、租赁、证券等业务协调发展的综合服务格局。绿色信贷贷款余额逐年增加

（图 3-3、表 3-1），环境效益显著。

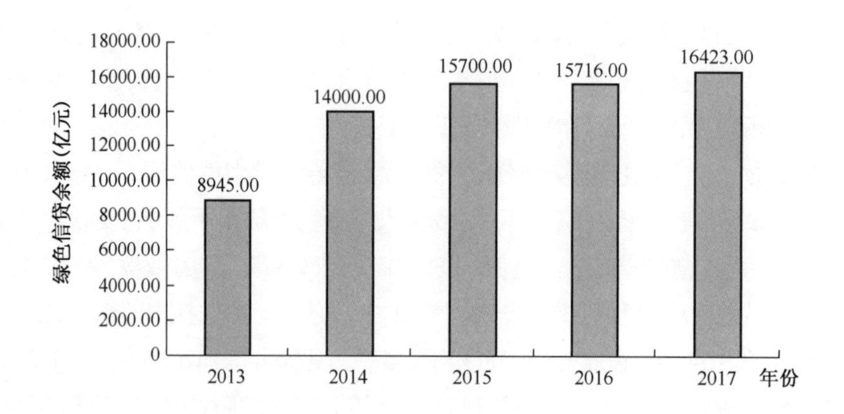

图 3-3 国家开发银行绿色信贷余额

资料来源：根据国家开发银行可持续发展报告整理

表 3-1 国家开发银行绿色信贷环境效益

项 目	2015 年	2016 年	2017 年
节约标准煤（万吨）	7188	5252	5327
二氧化碳减排量（万吨）	18105	13125	13252
化学需氧量 COD 减排（万吨）	113	70	43
氨氮减排量（万吨）	13	7	5
二氧化硫减排量（万吨）	204	164	166
氮氧化物减排量（万吨）	117	85	84
节水量（万吨）	50207	29262	22566

资料来源：根据国家开发银行可持续发展报告整理。

3. 绿色金融项目案例

（1）发行中国首笔准主权国际绿债：

2017 年 11 月，国家开发银行发行首笔中国准主权国际绿色债券，包括 5 年期美元债 5 亿美元和 4 年期欧元债 10 亿欧元，票面利率分别为 2.75%和 0.375%，发行采用单一债项评级，两个券种均实现了负溢价发行和超高倍认购。

该笔国际绿色债券计划在中国香港联交所和中欧国际交易所上市，募集资金主要用于支持“一带一路”建设相关清洁交通、可再生能源和水资源保护等绿色产业项目。覆盖中国新疆、福建、甘肃等地区，以及巴基斯坦、哈萨克斯坦、斯里兰卡三个“一带一路”沿线国家，标的总资产超过 100 亿美元。

此次发行由东方汇理银行和德意志银行担任联席绿色结构顾问，由安永华明会计师事务所依据 ISAE3000 提供第三方绿色认证，对募集资金用途及环境效益进行年度披露。安永作为专业第三方认证机构，根据绿色债券原则执行委员会〔由国际资本市场协会（ICMA）担任秘书处〕发布的《绿色债券原则》(2017 版)、气候债券倡议组织发布的《气候债券标准》(2.1 版）和气候债券标准行业原则的相关要求及标准，为该只绿色债券进行了发行前鉴证工作，并出具了发行前鉴证报告。同时，该只债券获得了气候债券倡议组织出具的气候债券标识认证。

此次发行首次采用境外现场路演、网上路演和投资者电话会等形式全方位立体宣介，超过 200 个机构投资者参与认购，亚洲地区以外订单占比高达 70%，其中不乏绿色专业投资人、境外央行和主权财富基金等，体现出国际投资者对中国主权信用和国家开发银行的充分认可。

首笔国际绿色债券的成功发行，是国家开发银行在国际资本市场上的一次创新，体现了国开行发挥“投贷债租证”综合金融服务优势，践行绿色发展理念，服务“一带一路”建设，推动境内外债券市场互联互通的积极作为。

(2)发行“绿色信贷基组合”中期票据：

2016 年 10 月，由国家开发银行主承销并担任综合融资协调人的武汉地铁集团有限公司“绿色债贷基组合”中期票据成功发行。所谓“债贷基组合”模式，是指由主承销商担任综合融资协调人，为发行人统筹安排专项发展基金、中长期贷款和信用债三类资金的期限和金额，同时满足重大基础设施建设项目资本金的融资模式。

据了解，本次发行的“绿色债贷基组合”债券是银行间市场和国内市场首单包含绿色概念和“债贷基组合”结构设计的债券，不仅在募投项目选择上严格参照中国金融学会绿色金融专业委员会发布的《绿色债券项目支持目录（2015 版)》，还通过统筹设计，全面整合债券、贷款、股权基金等资源，对项目资金来源、运用及偿还进行统一管理。本期债券着力点是支持绿色领域重大项目建设，同时对筹集资金的“借、用、还”程序进行统一管理，着力于风险防控。

本期武汉地铁集团发行的绿色债券针对城市轨道交通等国家重点绿色领域建设项目，债券期限为 15 年期（5+5+5)，票面利率为 3.35%，募集资金将全部用于武汉市轨道交通建设和偿还绿色贷款。据中债资信评估测算，本期债券募投项目投运后，年均可节省 1.7 万吨标准煤，减排温室气体（二氧化碳）4.2 万吨，降低氮氧化物排放量 125.5 吨、一氧化碳 915.4 吨、挥发性有机物 294.3 吨、二氧化硫 5 吨、PM10 6.20 吨，节能减排效果明显。

“债贷基”是由国家开发银行首先在市场推出的创新组合融资模式。其按照“三统筹、两配套、一落地”的核心理论，主要针对国家重点建设项目，将国开发展基金或国开金融下属基金、国开行中长期项目贷款以及国开行主承销债券有机结合，统筹安排资金来源、运用和偿还，以重大项目为建设、运营载体，通过全流程专户封闭式管理，为债券提供机制增信，提高项目资金整体安全性和使用效率。

根据绿色债务融资工具要求，募投资金专款专用，设立专门的资金监管账户，确保资金全部用于绿色项目，包括项目建设、偿还项目贷款和补充项目营运资金等。这一点与“债贷基组合”要求募集资金专户封闭式管理、统筹安排各项来源资金运用，根据项目建设进度，全过程、全方位动态监控“债贷基组合”产品资金使用情况等具有一定相似之处。

因此，将债券募集资金与国开发展基金、国开行中长期信贷资金统筹同步监管和运用，有助于为绿色债务融资工具提供增信，提高绿色项目资金整体安全性和使用效率。在增强投资人信心、防范债券违约风险的同时，支持绿色项目建设，减少温室气体和大气污染物排放，实现城市绿色发展。

（3）设立全国首个跨省流域绿色基金：

国家开发银行安徽分行联合国开证券、中非信银投资管理有限公司与黄山市政府共同发起设立“新安江绿色发展基金”，这是安徽省首个绿色发展基金，也是全国首个跨省流域绿色基金，积极落实了国家《生态文明体制改革总体方案》中关于“支持设立各类绿色发展基金，实行市场化运作”的要求，为安徽乃至全国践行绿色发展理念提供了可借鉴的模式。

基金首期规模20亿元，期限8年，其中新安江生态补偿试点资金4亿元，国开证券通过资管计划募资16亿元，2016年12月30日完成首笔3000万元投资，主要投向生态治理和环境保护、绿色产业发展和文化旅游等重点领域。该基金将有效引导社会资金参与新安江环境保护和生态建设，加快皖南国际旅游示范区推进产业转型和绿色发展，形成社会化、多元化、长效化的保护和发展模式。

新安江流域综合治理是国家财政部、环保部首个大江大河跨省流域水环境补偿机制试点工程，早在2012年2月，国开行便与安徽省政府签署了《共同推进安徽省“五大领域”重点项目建设合作备忘录》，明确提供融资200亿元用于支持新安江流域水资源和生态环境综合治理。2016年3月，国家开发银行安徽分行与黄山市政府签署“十三五”开发性金融合作备忘录，双方约定共同探索发起设立绿色发展基金，进一步创新投融资机制，致力于将黄山市打造成美丽中国生态文明先行示范区。

截至2017年1月，国家开发银行通过贷款、债券等多种融资渠道累计向新安江流域综合治理提供的融资总量达45亿元，有力地支持了国家战略《千岛湖及新安江上游流域水资源与生态环境保护综合规划》的实施。

(二) 中国工商银行绿色金融实践

1. 绿色金融制度建设

中国工商银行积极践行国家“创新、协调、绿色、 开放、共享”的五大发展理念和“五位一体”总体布局要求，将加强绿色信贷建设作为长期坚持的重要战略，从信贷政策制度、管理流程、业务创新、自身表现等各个方面，全面推进绿色信贷建设，积极支持绿色产业发展，加强环境和社会风险防控，持续推进低碳运营，实现经济效益、社会效益和生态效益同步提升。

(1) 完善绿色信贷政策体系：

印发《关于全面加强绿色金融建设的意见》，明确工作目标及基本原则，明确加强绿色金融建设的工作主线及具体措施，包括持续推进融资结构绿色调整、全面加强环境与社会风险管理、积极开展绿色金融创新、认真落实监管要求、加强绿色金融组织保障及日常管理等六方面 27 条措施，为全面加强绿色金融建设、构建国际领先的绿色银行和实现投融资业务可持续发展打下了坚实的基础。 中国工商银行绿色信贷政策体系构建流程如图 3-4。

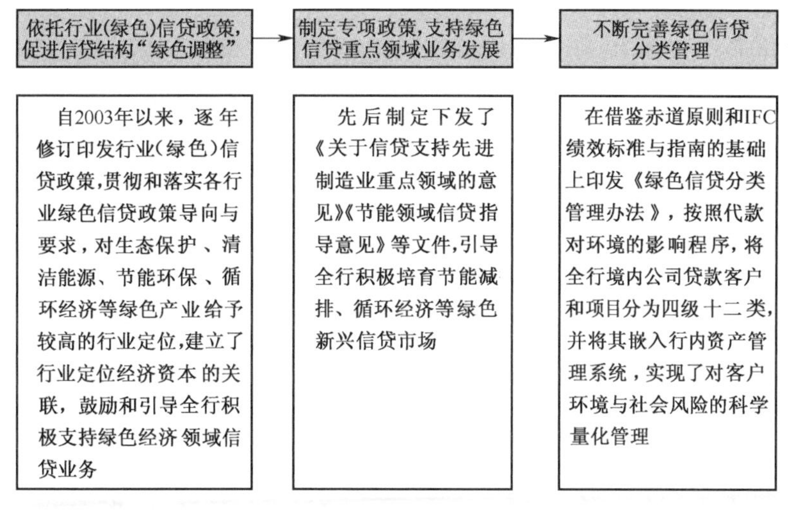

图 3-4　中国工商银行绿色信贷政策体系构建流程

资料来源:中国工商银行社会责任报告 2018

(2) 加强环境与社会风险管理：

(a) 严格执行环境与社会风险合规底线。 提高重点行业、重点区域客户环保标准，严格执行“环保一票否决制”，严守环境和社会风险合规底线，加强高风险客户投融资风险管控。

(b) 严格落实绿色信贷全流程管理。 按照环境与社会风险合规要求，根据客户或项目特点，确定各环节规定动作及关注要点，加强投融资环境与社会风险全流程管理。

中国工商银行环境与社会风险管理流程如图 3-5。

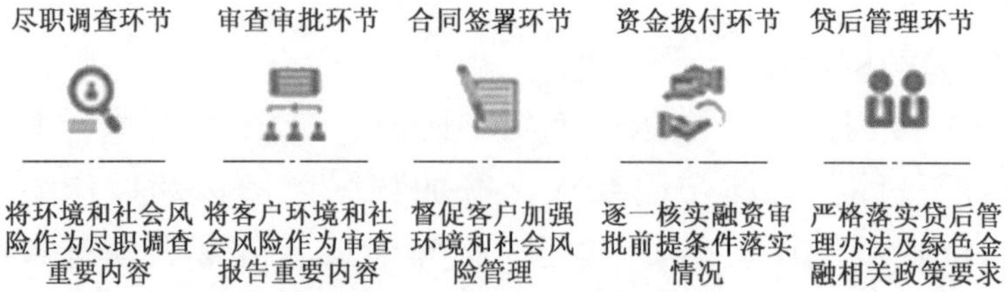

尽职调查环节
审查审批环节
合同签署环节
资金拨付环节
贷后管理环节
将环境和社会风险作为尽职调查重要内容
将客户环境和社会风险作为审查报告重要内容
督促客户加强环境和社会风险管理
逐一核实融资审批前提条件落实情况
严格落实贷后管理办法及绿色金融相关政策要求

图 3-5 中国工商银行环境与社会风险管理流程

资料来源：中国工商银行社会责任报告 2018

（3）加强绿色信贷保障措施建设：

（a）加强绿色信贷考核及资源配备。董事会对高管人员的绩效考核指标体系涵盖了经济效益指标、风险成本控制指标和社会责任指标。调整了绿色信贷定量指标，并纳入对各分支机构的按季绩效考核指标体系，进一步完善了对绿色信贷工作的绩效评价和激励约束机制。

（b）提高绿色信贷管理信息化水平。2014 年在信贷管理系统中增设“节能环保项目与服务”统计标识（含节能环保项目与服务分类、项目节能减排成效等 8 个分项指标）。2018 年对全行法人客户项目贷款绿色信贷分类和统计数据质量开展梳理和校验工作，进一步提升相关基础数据质量，完善了绿色信贷统计系统功能。

2. 绿色金融产品及环境效益

中国工商银行积极打造多元化产品体系，涵盖财务顾问、债券承销、债务重组、租赁+保理、“贷款+投行”、理财投资、产业基金等多个品种。依托投贷联动开展“股权+债权”、资产证券化创新，实现了对绿色经济的全产品、多渠道支持。

中国工商银行投向节能环保项目等绿色领域的贷款余额（图 3-6）年均增

14000.00
12000.00
10000.00
8000.00
6000.00
4000.00
2000.00
0
绿色信贷余额(亿元)
8117.47
9146.03
9875.60
10991.99
12377.58
2014
2015
2016
2017
2018
年份

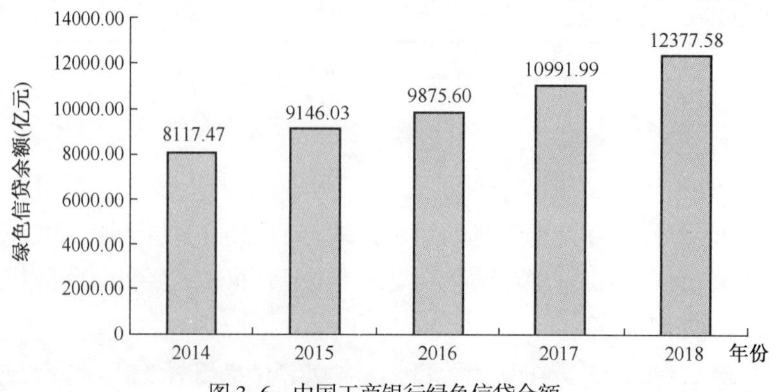

图 3-6 中国工商银行绿色信贷余额

资料来源：根据中国工商银行社会责任报告整理

速约10%，超过同期公司贷款的平均增速。从具体投向来看，工行的节能环保领域贷款主要投向绿色交通运输项目和可再生能源及清洁能源项目等领域，同时，绿色交通运输项目、可再生能源及清洁能源项目、工业节能节水环保项目等领域贷款增速较快。总体来看，绿色信贷取得了较好的环境效益(表3-2)。

表3-2 中国工商银行绿色信贷环境效益

项目	2015年	2016年	2017年	2018年
节约标准煤(万吨)	3940.59	4110.82	4247.26	4643.97
二氧化碳减排量(万吨)	7032.74	7333.64	7561.87	8958.79
化学需氧量COD减排(万吨)	44.17	28.7	15.83	23.31
氨氮减排量(万吨)	4.01	2.3	1.61	3.93
二氧化硫减排量(万吨)	100.77	38.31	12.43	4.33
氮氧化物减排量(万吨)	4.21	5.08	6.15	3.72
节水量(万吨)	5350.84	6126.49	3486.45	4290.42

数据来源:根据中国工商银行社会责任报告整理。

3. 绿色金融项目案例

(1) 发布国内首支ESG绿色指数:

“中证180ESG指数”由中国工商银行与中证指数公司联合研发，是国内首支ESG指数。

ESG是环境、社会责任和公司治理英文首字母的缩写，是当前国际社会衡量企业可持续发展能力的三大维度。ESG指数依据ESG表现对各上市企业的股价加权汇总，形成股票指数，通过给ESG表现较好股票赋予更大权重，反映具有可持续发展能力的企业股价的总体变化。ESG指数的推出是金融机构通过理念、工具创新优化资源配置、促进可持续发展的新实践，有助于推动企业更好地将环境、社会责任、公司治理与经营成本效益结合起来，建立长效机制。从国际市场看，ESG投资已成为近年来流行的投资策略，ESG指数具有中长期稳健、收益好、风险低的特点，受到机构投资者的认可与热捧。从国内市场看，随着ESG指数和ESG投资需求日益增加，未来市场前景广阔。

作为中国人民银行绿色金融委员会的成员单位，中国工商银行自2015年便成立了专门的绿色金融研究团队，在商业银行绿色金融战略、压力测试、绿色债券、绿色指数、碳金融等多个领域形成了国际领先的研究成果。作为中国工商银行绿色金融研究的最新成果，“中证180ESG指数”是中国工商银行积极履行社会责任、以实际行动促进经济绿色转型的体现，也是以创新促进可持续发展的新实践。

中国工商银行借鉴国际ESG框架，在评级方法和市场收益方面，研究开发了ESG绿色评级系统，利用商业银行长期积累的数据优势，有效提升了ESG评级的准确性和有效性。“中证 180ESG 指数”不但对“中证 180 指数”各成分股的 ESG 表现进行评价，也会综合考量上市公司的经营业绩和信用评级。历史数据模拟显示，“中证 180ESG 指数”具有“收益高、风险低”的特点，指数收益率高于同期中证 180 指数，而且对极端风险具有较好的避险功能。

此外，“中证 180ESG 指数”还有助于促进企业主动改善环境、提高企业承载社会责任的意愿与能力。随着更多资金流向绿色环保产业，ESG 表现较好的企业融资成本将进一步降低。企业将更为直观、深刻地认识到，加大自身在环境、社会责任和公司治理等方面的投入，并主动提升信息披露水平，不仅是履行社会责任的体现，更能成为企业降低成本、提高效益的有效途径。

（2）绿色信贷持续支持塞罕坝林场建设：

地处内蒙古高原浑善达克沙地南缘的塞罕坝，曾经森林茂密、鸟兽繁多，由于历史上的过度采伐，土地日渐贫瘠，北方沙漠的风沙肆无忌惮地刮入北京等地。自 1962 年以来，经过林业工作者的不懈努力，如今塞罕坝具有目前世界上面积最大的人工林。

为支持造林事业，自 1999 年以来，中国工商银行河北省分行持续为塞罕坝机械林场总场提供资金支持，通过流动资金贷款、经营性贷款等方式累放资金 8620 万元。目前中国工商银行向塞罕坝机械林场总场授信总额 1 亿元，随时准备继续为林业建设提供资金支持。该行还深入绿色能源领域，与华润新能源（木兰围场）风能有限公司、国电承德围场风电有限公司等风电企业合作，办理项目贷款，目前已投放贷款 6913 万元。

为促进塞罕坝旅游事业发展，积极参与塞罕坝景区景点功能提升工作，提供相应金融支持，支持围场满族蒙古族自治县承办 2018 年全省第三届旅游发展大会配套项目建设，提供 2 亿元左右的项目贷款。中国工商银行承德分行、围场支行多次前往坝上营销商户 POS 机、二维码等业务，丰富了辖区商户的金融产品种类。

为改善林场职工生活条件， 中国工商银行河北省分行积极参与林场棚户区改造工程，主动联络公证处、房产交易所、保险公司）到塞罕坝地区现场办理贷款申请、公证、保险、抵押一条龙式房贷业务，自 2003 年 12 月起至今，发放个人住房贷款 150 余户，合计 1200 万元以上，有效改善了林场职工住房条件。

（3）发行首笔“一带一路”气候债券：

2017 年，中国工商银行在卢森堡证券交易所发行“一带一路”气候债券，募集资金约合 21.5 亿美元（约 143 亿元人民币）。募集的资金将用于支持中国工商银行全球范围内已经投放或未来即将投放的可再生能源、低碳及低排放交通、能源效率和可持续水资源管理等四类合格绿色信贷项目。该债券为首只“一带一路”绿色气候债券，由工行卢森堡分行代理、总行发行，并在卢森堡证券交易所的“环保金融交易所”（LGX）专门板块挂牌上市。

该债券同时符合国际和中国绿色定义，由国际气候与环境研究中心CICERO提供了第二意见，中财绿融按照中国绿债标准进行了外部审查，获得气候债券标准认证。

债券覆盖美元和欧元两个币种，分3年和5年两个期限，包括11亿欧元3年期浮动利率、4.5亿美元3年期浮动利率及4亿美元5年期固定利率。根据货币市场资讯服务商Global Capital早前报道，4.5亿美元3年期绿债定价为LIBOR加77个基点；4亿美元5年期绿债票面利率为2.875%；11亿欧元3年期绿债最终定价定为EURIBOR加55个基点。

美银美林、法国东方汇理银行、汇丰银行、中国工商银行（亚洲）为本次债券发行的承销商。有参与承销的投行人士指出，欧洲投资者对工行这次发行绿色债券很感兴趣。据了解，簿记完成时3年期美元及5年期美元绿色债券分别获认购金额6.6亿美元及6.1亿美元，两者均超额约0.5倍；5年期欧元债券则获0.6倍超额认购。在投资者分布方面，3年期欧元及美元两个发行品种中，欧洲投资者占有率均超过了70%，不仅成功吸引了绿色专业投资者，还吸引了主权基金、保险公司和企业等多种客户。5年期部分则主要分配予亚洲投资者（84%），欧洲投资者认购部分占16%。

中国工商银行这只“一带一路”气候债券获得《金融亚洲》（Finance Asia）2017年度“最佳环境、社会和治理项目”（Best ESG Deal）、《国际金融评论》亚洲版（IFR Asia）2017年度“最佳社会责任融资债券”（SRI Bond）、《财资》（The Assets）2017年度“最佳绿色债券”（Best Green Bond）和《环境金融》（Environmental Finance）2018年度“绿色债券资金用途创新奖”（Bond of the Year for Innovation in Use of Proceeds）四大奖项。

（三）中国建设银行绿色金融实践

1. 绿色金融制度建设

中国建设银行将建设“绿色银行”作为中长期业务规划的目标，将低碳、绿色、环保和保护生物多样性有机地融入信贷政策和经营理念，不断完善绿色信贷政策制度、加快信贷结构调整、强化环境和社会风险管理、丰富绿色信贷产品和服务，有效推动绿色信贷业务发展。

落实银监会《绿色信贷指引》规定，制定《中国建设银行绿色信贷发展战略》，下发《关于加强环境和社会风险管理的通知》，明确客户环境和社会风险分类标准，将客户环境和社会风险由高至低分为A、B、C三类；将环境和社会风险管理贯穿信贷全流程，明确贷前调查、授信审批、贷中审核、贷后管理等各环节具体管理要求及差异化管理措施。信贷政策中将企业是否遵循环境指标纳入准入标准，严格控制环保不达标客户、环境违法违规且没有及时整改的客户和项目。建立环保信息查询机制，加强环境和社会风险客户跟踪，督促企业加快整改，对无法完成整改的客户坚决退出。建立绿色信贷信息系统，推进绿色信贷评价管理，将绿色信贷纳入 KPI 考核，并给予经济资本奖励。

秉承“三三”原则，即“三个支持”和“三个不支持”原则，对存量客户进行优化调整，对新增客户进行引导，推动绿色信贷业务发展，有效控制环境和社会风险。“三个支持”是指对列为国家重点的节能减排项目、得到财政税收支持的节能减排项目和对节能减排显著的企业和项目给予支持，在办理流程、核准权限、准入标准等方面给予“绿色通道”，在贷款定价方面给予一定优惠政策，在信贷规模上予以适当倾斜，甚至配以专享额度，并借助中国建设银行综合性、集团化经营优势，为其提供综合金融服务；“三个不支持”是指对列入国家产业政策限制和淘汰类的项目，对高耗能、污染问题突出、环保不达标的客户或项目，以及出现重大环境风险和重大环保问题、存在环境违法违规的客户或项目不予支持，采取差别化管理策略。

在行业选择上，明确将清洁能源、清洁交通、节能减排、节能环保服务、资源节约与循环利用、生态保护、适应环境变化、治理污染等领域以及先进制造业、信息技术产业等具有低碳环保特征的行业设为优先支持领域，加大金融倾斜力度。在客户和项目选择上，将满足“节能减排”要求及能源消耗、污染物排放标准作为建立信贷关系的底线要求，对发生环保违法违规情况的客户实行“环保一票否决制”；严格落实国家产业政策，对高污染、高能耗行业严格管控，控制行业资金投入，同时支持企业采用节能减排的新设备、新技术，有力促进传统产业结构调整和技术改造升级。

2. 绿色金融产品及环境效益

中国建设银行坚持以绿色信贷为抓手，在商业可持续和有效控制风险的前提下，在推动企业节能减排、促进产业升级、推进生态文明建设等方面，不断推进产品创新，探索服务新模式，努力改善绿色信贷企业金融服务水平。充分发挥集团化经营优势，以银行业务为主，结合租赁、信托、基金、保险等各种金融手段，满足客户绿色金融服务需求，尤其近年来在节能减排融资服务、节能环保租赁业务、排放权金融服务等业务上实现创新再突破，在国内树立了良好的绿色品牌形象（图 3-7、表 3-3）。

3. 绿色金融项目案例

（1）绿色信贷支持南宁市竹排江上游那考河流域治理项目：

竹排江上游植物园段水质为劣 V 类，污染严重，基本上成为纳污河。主要的污染源为上游的养殖企业和沿线的村庄、企业和村民的生产生活产生的污水。为达到《南宁“中国水城”建设规划》和《南湖-竹排冲水系环境综合整治总体规划》的建设目标，恢复此河道两岸的生态景观，满足人们休闲生活的需要，提升城市环境品质，从 2015 年起，当地以政府与社会资本合作模式（PPP），开启“南宁市竹排江上游植物园河段（那考河）流域治理工程”。

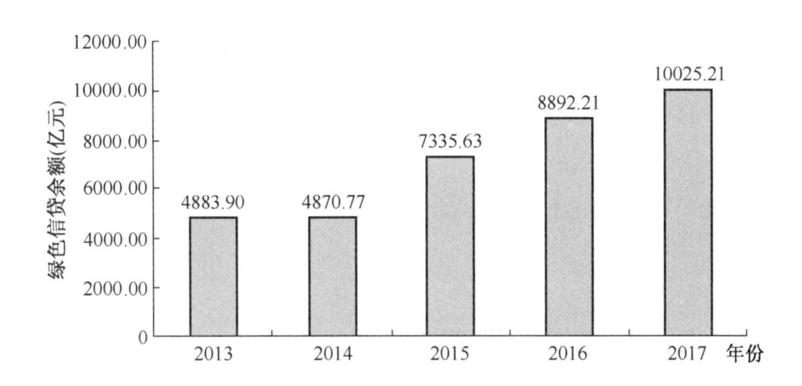

图 3-7 中国建设银行绿色信贷余额

数据来源：根据中国建设银行社会责任报告整理

表 3-3 中国建设银行绿色信贷环境效益

项　　目	2015 年	2016 年	2017 年
节约标准煤（万吨）	2285.24	2633.15	2800.46
二氧化碳减排量（万吨）	5298.74	5958.84	6305.09
化学需氧量 COD 减排（万吨）	15.38	20.29	23.64
氨氮减排量（万吨）	1.85	2.39	3.14
二氧化硫减排量（万吨）	12.39	18.86	26.78
氮氧化物减排量（万吨）	1.7	3.49	4.77
节水量（万吨）	90.32	103.88	119.87

数据来源：根据中国建设银行社会责任报告整理。

项目区内需要治理的河道全长 6.63 公里，建设内容包括：河道整治工程、河道截污工程、河道生态工程、沿岸景观工程、污水处理厂建设、海绵城市示范和信息监控工程。总投资 10 亿元，采用 DBFO 模式（设计—建设—融资—经营）。

项目公司注册资金与投资总额之间的差额，由中国建设银行广西分行提供贷款。贷款额度为 9.6 亿元，贷款期限为 9 年，贷款利率为基准利率下浮 10%，担保方式采用信用担保。至 2017 年 3 月项目验收完毕正式运营，实际发放贷款 5.61 亿元。

竹排江上游那考河流域治理项目，是广西首个采用政府与社会资本合作模式（PPP）的建设项目，也是申报国家 PPP 示范项目的第一批重点项目，中国建设银行是该项目的独家支持银行。通过该项目，南宁竹排江上游植物园段的那考河已“华丽变身”，昔日臭水沟，如今已被截污，沿岸景观让人耳目一新。该项目引入流域治理和“海绵城市”建设理念，不仅是进行管道扩容这么简单，在满足城市居民使用功能之余，还具备了防治内涝的“海绵”功能。同时，实现竹排江上游和下游水生态、水循环、水景观、水安全的有机统一和那考河水环境与周边城市建设的协调发展。

(2) 创新推出碳排放质押贷款：

碳排放质押贷款是指企业以获得的或未来可获得的碳排放权配额作为质押或抵押物进行担保，获得金融机构融资的业务模式，有利于企业的节能减排，具有环境、经济的双重效益。

中国建设银行落实国家政策和监管部门要求，完善生态文明与绿色金融产品体系，持续深化与国内七家碳排放权交易所的合作，创新推出碳排放质押贷款。该产品在现行可接受担保措施的基础上，增加碳排放权质押作为风险缓释措施，并针对质押品特点提出了专业化管理要求；覆盖表内外信贷业务，支持自身持有或代持管理碳排放权的企业进行表内外信贷融资；加强协同联动，随办法下发《公司业务与同业业务条线推进碳金融业务联动方案》，发挥“碳金融”业务和“碳配额远期交易中央对手清算代理业务”的产品优势，为客户提供综合金融服务。

2018 年 4 月 20 日，中国建设银行广州花都支行向广州市花都某纸业有限公司发放首笔 200 万元碳排放配额质押贷款。

广州碳排放权交易所（以下简称“广碳所”）于每年 6 月对会员企业上年度碳排放配额进行履约清算，超出核定排放配额的企业需在广碳所购买超额碳排放权，配额有剩余的企业可将其放到广碳所进行交易，碳排放配额由此产生了价值。花都某纸业有限公司近年来在生产设备上进行了更新换代，实现了节能减排效果。2017 年碳排放配额有较多剩余，中国建设银行广州花都支行采用客户剩余的碳排放配额进行质押，向其发放绿色金融贷款。

该笔贷款是全国造纸行业第一笔碳排放配额质押贷款，是建行系统内第一笔碳排放配额质押贷款，也是广州绿色金融改革创新试验区第一笔碳排放配额质押贷款。该贷款的成功发放有助于拓宽企业融资渠道，增加碳排放配额质押风险缓释措施；有助于为银行业务开发新的业务增长点，将原本需压缩退出的高污染、高能耗企业通过其参与节能减排进行绿色金融授信，拓宽客户选择范围；有助于倡导绿色环保意识，发挥社会责任，引导企业自主节能减排；有助于创新客户评价指标，通过企业碳排放配额减少量评价企业节能减排和技术创新程度，更全面地分析企业风险状况。

（四）兴业银行绿色金融实践

1. 绿色金融制度建设

兴业银行是我国唯一一家加入赤道原则的商业银行，多年来践行绿色金融理念，形成了比较完善的绿色金融体系，连续多年荣获中国银行业“年度最具社会责任金融机构奖”和“年度最佳绿色金融奖”。

在组织架构层面，兴业银行从2005年成立能效融资专业团队以来，不断完善组织架构，目前已成立环境金融部负责绿色金融管理，并且组建了项目融资、碳金融、市场研究、技术服务、赤道原则审查五个专业团队。在分行层面设置环境与社会风险统筹管理职能部门、绿色金融业务推动职能部门、绿色金融业务专业经营团队以及绿色金融专职产品经理。

制度层面，制定了环境与社会风险管理、赤道原则项目融资管理办法等制度以及配套工具、示范文本、相关指导意见等一系列规范性文件，形成“基本制度—管理办法—操作过程”的完整制度体系。

持续关注授信业务中环境与社会问题，以“有益于”环境与社会的方式来努力发展融资业务，以可持续发展的理念指导业务拓展，坚持追究经济效益与履行企业社会责任并重。坚持依法合规、分类管理、持续改进、促进可持续发展原则。努力将资金投向那些有利于识别和解决经济、环境与社会风险的可持续项目，积极倡导为生态保护、生态建设和绿色产业融资。持续关注并不断改进环境与社会风险管理措施，根据不断变化的外界条件和信息，进行定期评审与修订，以保证环境与社会管理体系的充分适用性。

业务流程和管理机制方面，建立完善了环境与社会风险管理制度体系和业务流程，在全面梳理、完善相关业务制度、强化制度约束的同时，引入配套的调查工具、分析工具、风险监测工具和法律文本，全面提升了项目风险管理水平。

环境与社会风险管理流程由环境与社会风险识别、分类、评估、控制、监测、信息管理/披露、绩效评价等环节组成。通过以上环节，发现客户和项目在环境、健康、安全管理方面的潜在风险及其影响程度，并以此为基础进行分类管理和环境与社会风险评价，提出不同的控制措施，对环境与社会风险进行预防性控制。此外，通过环境与社会风险绩效评价，可以识别高效操作和薄弱环节，并加强员工与公众的参与度，推动环境与风险管理水平的持续提升（图3-8）。

激励机制与支持保障层面，将绿色金融业务发展情况纳入年度综合考评指标，安排绿色金融专项风险资产、专项信贷规模及差异化审批授权政策，优先

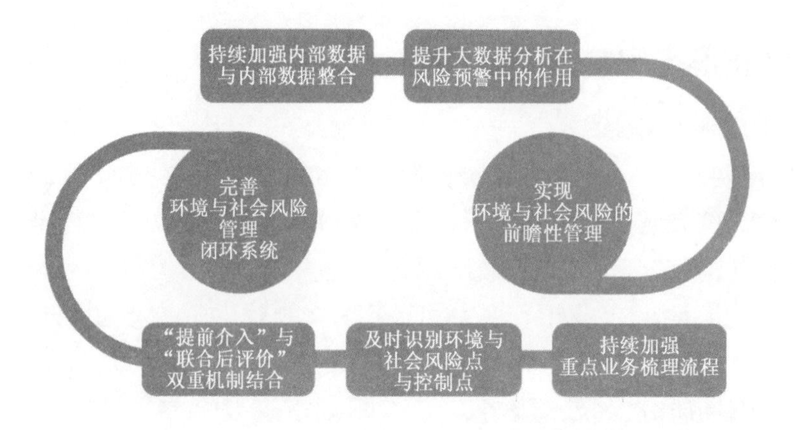

图 3-8 兴业银行环境与社会风险管理流程

资料来源：兴业银行 2018 可持续发展报告

确保绿色金融项目的投放，并开发线上绿色金融专业系统，实现绿色金融属性认定、业务统计、节能量测算的信息化。

2. 绿色金融产品和环境效益

兴业银行形成了集团化绿色金融产品与服务体系，面向企业客户，为节能环保产业客户提供涵盖绿色融资、绿色租赁、绿色信托、绿色基金、绿色债券等领域的多元金融服务；面向个人客户，推出了低碳主题信用卡、绿色按揭贷、绿色消费贷和绿色理财等创新产品。

截至 2018 年年末，兴业银行已累计为超过 16000 家企业提供绿色融资，绿色融资余额逐年稳步增长（图 3-9），取得了较好的环境效益（表 3-4）。

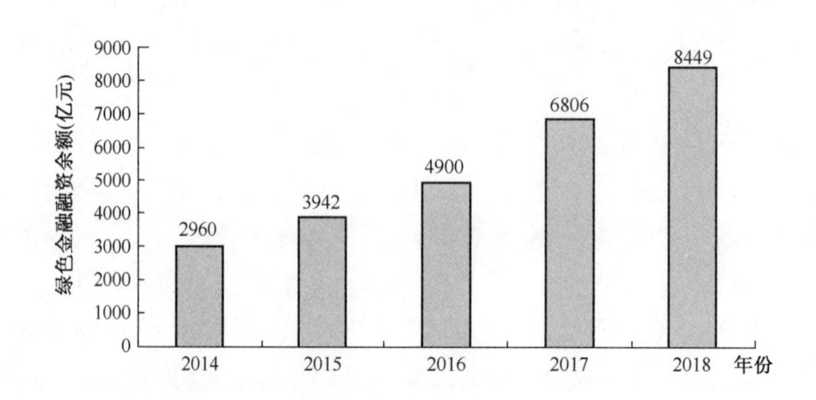

图 3-9 兴业银行绿色金融融资余额

数据来源：根据兴业银行可持续发展报告整理

表 3-4　兴业银行绿色金融融资环境效益

项　目	2015 年	2016 年	2017 年	2018 年
节约标准煤(万吨)	2553.86	2646.8	2912.23	2979
二氧化碳减排量(万吨)	7161.99	7408.31	8378.23	8416.87
化学需氧量 COD 减排(万吨)	138.74	168.04	385.43	398.34
氨氮减排量(万吨)	5.06	8.26	13.39	15.9
二氧化硫减排量(万吨)	10.04	10.59	78.91	87.79
氮氧化物减排量(万吨)	2.99	4.16	5.78	7.87
年综合利用固体废弃物(万吨)	1729.04	1877.87	4479.48	4543.75
节水量(万吨)	28565.06	30390.06	40842.37	40978.19

数据来源：根据兴业银行可持续发展报告整理。

3. 绿色金融项目案例

（1）环境金融创新融资产品案例——特许经营权质押融资：

（a）客户信息。某水务集团股份公司注册资本 1 亿元人民币，主营环保、公用基础设施产业投资，主要分为自来水供应、污水处理、安装工程三个板块。公司旗下已建成并投产的项目水处理能力已达到 60 万吨/日，下属多家水务子公司与当地政府签订了特许经营协议。

（b）客户需求。该公司在行业背景、区域垄断等方面具有一定优势。近年来，在运营过程中由于原材料、人工、电力等各项成本的不断增加，对日常营运所需流动资金也随之增加，生产经营活动存在一定的营运资金缺口。公司向兴业银行申请了 0.6 亿元的流动资金贷款，目前余额 0.6 亿元，客户希望增加授信敞口，获得流动资金支持。同时，因客户为民营企业，存在缺乏足够担保物的问题。

（c）金融服务方案。针对客户的融资需求和资金缺口，经认真调查和测算，兴业银行拟定了为公司提供 0.6 亿元（新增敞口）的短期流动资金贷款额度方案，用于补充公司本部生产经营活动所需营运资金。同时，为切实防范和加强对民营水务公司的风险管控，要求公司将其名下某子公司持有的污水处理特许经营权进行质押作为主要担保方式，采用未来收益权（污水处理收费权）质押的方式，与客户签署《最高额质押合同》等相关法律手续，在人民银行对污水处理费收费权进行质押登记；同时将特许经营权对应的土地、设备提供抵押担保，追加子公司保证担保，并追加实际控制人连带责任担保。最终，在风险可控的前提下，兴业银行为客户投放 0.6 亿元节能减排流动资金贷款，用于企业日常经营周转。

（2）多元化融资模式案例——综合产品运用案例：

（a）客户信息。某供水集团公司是国有独资企业，注册资本 1 亿元，以城市供水供热、污水处理及中水回用为主营业务，拥有多家全资子公司及控股子公司。公司是当地城区唯一的水务运营主体，政府授予其城区供水、污水处理特许经营权。公司对城区的供水能力为30万立方米/天、污水处理能力为20万立方米/天。同时，围绕全市供排水一体化的战略目标，公司以城区为中心，向周边区县扩张。公司在周边区县运营、在建多个水务，供水能力9万立方米/日，污水处理能力39万立方米/日。公司还承担城区居民采暖和工业用气业务，拥有150座换热站，供热管网600公里，服务人口7万户，服务面积600万平方米。

按照区域水务一体化发展战略，该公司深耕当地城区市场，加速推进周边区县污水处理项目合作进程，并参与附近城市的水务项目整合，加快完善在建项目的建设与运营，力争成为省内水务旗舰级集团。

一直以来，由于客户组织架构和主体因素，兴业银行一直未对该公司做授信安排，主要进行下属子公司层面的单体合作，合作模式相对单一，层次有限。

(b）客户需求。该公司是当地城区唯一的水务运营企业，下属企业众多，涉及供水、污水处理、水务工程等，日常营运资金需求旺盛；公司参与区域水务市场，需要兴建新的水务企业；公司希望通过多元化的融资产品置换存量融资、降低融资成本，并降低负债率。具体情况如下：

营运资金需求。随着营运规模的扩大，下属子公司在原材料采购费用和设备管网维护费用也随之上升，并存在一定规模的营运资金需求。

项目融资需求。公司有多个在建项目，总供水规模5800万立方米/年，污水处理规模20万吨/天，总投资8.8亿元。

优化融资结构需求。该客户属于政府公用事业，现金流稳定，项目回收期相对较长，为降低财务压力，客户希望通过中长期融资置换短期融资，优化融资结构，提高财务管理能力。

(c）金融服务方案。兴业银行与该公司及当地政府有良好的合作关系，同时分行营销管理部、投行部、环境金融中心等相关部门与经营团队密切合作，高效联动，通过分析客户融资需求，为客户量身打造全面的金融服务方案和专项产品方案：

短期融资券。客户之前主要使用传统银行信贷产品，对新兴业务接触较少，兴业银行率先为客户推荐具有成本优势的短期融资券业务，可以有效降低企业财务成本，置换部分传统银行信贷产品。根据客户净资产，为客户办理3亿元短期融资券业务，并已成功落地。

项目贷款。某配套工程项目的项目主体是该公司下属子公司，在获知项目信息时，建设银行、农业银行等同业竞争对手已经开始项目操作，兴业银行上下联动，凭借与客户良好的合作关系和高效的工作赢得了客户的认可，成功地实现业务批复项目贷款 3 亿元，已提款 1.5 亿元。

融资租赁。水务行业投资回收期相对较长，客户希望通过中长期融资优化融资结构，客户管网类资产较多，适合融资租赁业务，兴业银行与兴业租赁合作为客户批复银租一体化业务 4 亿元，目前已提款 2 亿元。

短期融资。为配合企业日常营运资金周转需求，兴业银行为客户办理全额银行承兑汇票 1 亿元，并为客户下属子公司批复敞口 0.6 亿元。

(3) 重点领域营销案例——生活垃圾处理处置项目：

(a) 客户信息。某环保投资集团有限公司是当地政府通过投融资体制改革，按照“企业建设运营、政府购买服务”模式打造的垃圾处理行业投资主体，并拟将其后续打造成为固体废弃物处理设施建设、环保装备制造业、环保产业园、环保处理技术研发等全方位的大型国有环保产业投资集团。公司主要的经营范围为城市固体废弃物处理设施的投资、建设、运营维护等公共性、环保型业务，以及城市固体废弃物处理技术的研发、专业设备制造和销售工作。

该公司获得全区大型垃圾终端处理设施的投资和组织建设、运营的专营权，目前在建、运营的多个项目属于重大环境治理处理项目，得到当地政府大力支持。

据了解，公司拟在 2018 年前完成规划项目的全部投资，投资估算将达 210 亿元，其中经营性项目投资估算 100 亿元，非经营性项目投资估算 110 亿元。为解决其非经营性项目的债务问题，当地政府拟以财政直接进行预算内补贴和优质资产资源注入（拟通过优质土地储备和城管资产移交）。下一步当地政府拟将公司从其母公司中独立，打造成一个优质投融资主体，并扶持上市。

(b) 客户需求。公司为满足全区日益增长的生活垃圾处理需求，需对外投资建设垃圾填埋场的扩建以及多个垃圾焚烧处理厂。一方面，由于当地垃圾围城的问题日益严重，生活垃圾增速已接近当前处理能力的极限，所以新建垃圾处理设施，既高度必要，又十分紧迫，而垃圾焚烧厂的单位投资较高；另一方面，随着国资改革的步伐加快，公司拟从其母公司剥离，成为当地国资委直接控制一级国资平台，故原股东对其直接资金支持有所减弱。

因此，在当前的国资改革调整和多项目同时动工的双重背景下，公司面临的资金需求呈现体量较大、需求急迫、品种多样的特点。

总体来看，公司的资金需求主要来自三个方面。第一，资本金。由于公司拟建设项目的单体建设规模均为 2000 吨/日，单个项目的总投资均在 15 亿元，因此同时开工为企业的资本金带来较大的筹措压力。考虑到资本金为银行项目贷款的下柜前提，因此企业存在较迫切的资本融资需求。第二，项目建设资金。这是体量最大的资金需求，由于公司须在近一年内同时启动多个垃圾焚烧厂的建设，并进行垃圾填埋场的整治和封场工程，因此基于传统信贷的长期项目融资是其较为明确的项目建设配套资金需求。第三，短期流动资金。公司目前除新建项目外，还肩负多个已建成项目的日常建设运营和集团内部的资金流转（如归还股东的到期内部借款），因此存在短期的周转性资金需求。

（c）金融服务方案。在分行的撮合下，兴业银行总行与当地政府签署战略合作协议，承诺为全区重大项目和城市基础设施的建设提供全方位、多元化的金融服务，其中，作为当地基础设施建设的重中之重，同时亦作为环境金融的重点专属领域，兴业银行承诺为水环境和生活垃圾处理两大板块的项目建设各提供100亿元的融资支持。公司作为当地垃圾处理业务的政府唯一授权运营主体，分行将“全程金融服务”作为服务该客户的业务策略，并以此为客户提供长短期结合、表内外结合、母子公司结合的一体化金融服务方案：

项目融资。根据公司建设规划，为其提供表内项目贷款。目前已批准两笔项目融资，其中一个项目通过与国开行联组银团的方式，并争取到资金代理行资格，从而兴业能以代价最小的方式获得本项目的直接收益。此外，还有多笔项目正在上报或处于总行审查流程中。

另类融资。对于近期拟投建的多个发电项目，由于政府资本金注入目前尚未有明确时间表，滞后于项目进度所导致的资本金不足的问题，同时考虑到客户不希望变更其直接持有项目的公司股权架构，故拟以类永续债模式解决其资本金需求。此外，为满足客户中期的运营资金需求，分行拟为客户发行3年期理财直接融资工具，目前已通过总行投行部立项。

贸易融资。公司除正常项目融资外，其母公司还通过股东借款对众多项目给予流动资金支持以满足建成项目的日常运营周转。客户希望向兴业银行申请1亿元流动资金贷款额度，用于归还母公司支持其已建成项目流动资金周转的前期股东借款，并为未来拟建成运营的项目预备铺底流动资金和运营周转资金。本笔短期授信已获得总行批复。

第四章

绿色基金的概况、现状及案例

第一节　绿色基金的发展与特征

一、绿色基金的基本概念和起源

绿色基金在全球不同地区具有不同的名称，美国称为环境基金（Environment Fund），日本称为生态基金（Ecology Fund），欧洲称为绿色或生态基金（Green/Ecology Fund），中国称为绿色基金或绿色投资基金。

基于绿色基金的不同定义，学者和机构给出了不同的解释，但其中的内涵基本相同。可以将绿色基金概括为是专门针对节能减排战略、低碳经济发展、环境优先改造项目而建立的投资基金，其目的旨在通过资本投入促进节能减排事业发展。

绿色基金将投资者对社会以及环境的关注和他们的金融投资目标结合在一起。不是追求纯粹物质利益的最大化，而是整体社会福利的最大化。绿色基金不仅从经济角度出发，而且还考虑投资对象对自然和环境的影响。

美国是世界上社会责任投资（Socially Responsible Investing，SRI）发展最早和最完善的国家。SRI 是一种特别的投资理念，即在选择投资的企业时不仅关注其财务、业绩方面的表现，同时关注企业社会责任的履行，在传统的选股模式上增加了企业环境保护、社会道德以及公共利益等方面的考量，是一种更全面的考察企业的投资方式。1982 年，受 20 世纪 60 ~ 70 年代环保运动的影响，世界上第一只将环境指标纳入考核标准的基金——Calvert Balanced Portfolio A 在美国产生。尽管它没有被叫做绿色基金，但由于其针对环境保护较好的企业所实施的积极筛选策略进行投资，所以其实质依然是绿色发展基金。1988 年，第一只绿色基金——Merlin Ecology Fund（后更名为 Jupiter Ecology Fund）

在英国被推出，使英国成为欧洲最早发行自己第一只绿色基金的国家。绿色基金的概念出现后，发展比较缓慢，直到20世纪末，各国对环境问题以及经济可持续发展日益重视，越来越多的社会责任投资将生态环境作为重要筛选指标，绿色基金才得到了较大发展。

二、绿色基金的分类、管理和运行

按照基金的设立目的，绿色基金可分为专项投资基金和普通投资基金。专项投资基金是指根据国家绿色发展战略需要如节能减排、低碳经济、环境治理等目的而设立的投资基金，一般聚焦于雾霾治理、水环境治理、土壤治理、污染防治、清洁能源、绿化和风沙治理、资源利用效率和循环利用、绿色交通、绿色建筑、生态保护和气候适应等专项项目。专项投资基金的种类众多，包括但不限于绿色产业基金、担保基金、碳基金、气候基金等。普通投资资金一般聚焦于一、二级市场中的绿色资产标的，如有绿色、可持续发展潜力的公众公司股票或私人公司股份。

按照基金的募集方式，绿色基金可分为绿色公募基金和绿色私募基金。绿色公募基金是一种向不特定投资者公开发行收益凭证进行资金募集，并主要投资于已上市绿色标的的投资资金，受法律和监管部门严格监管，需遵守严格的投资运作、信息披露、利润分配、投资限制等行业规范。绿色私募基金是一种以非公开方式向合格投资者募集资金，并投资于未上市绿色标的股权或上市公司非公开交易股权的投资基金，在投资运作、信息披露、投资限制等方面监管要求较低，方式较为灵活。

按政府资金参与程度，绿色基金可分为政府性环境保护基金、政府与市场相结合的绿色产业基金（PPP 模式绿色产业基金）、纯市场的绿色基金；从投资标的来看，绿色基金可分为绿色产业投资基金、绿色债权基金、绿色股票基金、绿色混合型基金等。不同类型的绿色基金，其目的、资金来源、投资、运行机制和组织形式都有所区别。

绿色基金的管理包括监管、选择基金管理人、监测评价等关键要素。

管理机构的监管职能包括：①制定政策、规划和运行战略；②聘用基金管理团队；③建立项目筛选总体标准；④审议基金管理人的工作方案；⑤定期对项目进行监测和评估；⑥确保基金运作符合国家能效战略和计划。国外绿色基金的管理机构一般为政府管理部门或由政府任命。

基金管理人需要具备若干领域的专业知识能力，包括能效技术和方案、市场评估和项目开发、信用评估、财务分析和项目评估以及对能效和能源市场的了解。国外绿色基金的管理人一般为公共事业公司、政府机构和独立的第三方机构。

监测评估是定期收集绿色基金实施情况的过程，衡量基金实施过程及程序的质量和效果。基金出资方（如政府和国际援助机构）可规定具体的基金业绩指标和报告周期，基金管理机构和管理人按要求提供有关基金业绩的定期报告。

绿色基金的运行步骤包括：①确定投资目标；②建立资金来源；③建立基金治理机构和法律框架；④选择和招募基金管理团队，雇佣专业工作人员；⑤确定金融产品，制定资格标准；⑥制定运作程序，规定申请程序；⑦制定营销策略和方法；⑧制定监测、报告、评价程序和方法。

其中，绿色基金的目标市场应定位于节能减排、绿色能源、绿化和风沙治理、资源利用效率和循环利用、绿色交通、绿色建筑等可改善环境污染、促进经济、社会可持续发展的领域。由于中小企业和能源服务公司的商业融资来源不足，也成为绿色基金的一个很好的目标市场。资金来源主要有三个渠道：政府资金、国际援助机构的支持和民间资本。基金的金融产品包括股权融资、债券融资、类优先股夹层投资、委托贷款、风险担保、技术援助、绿色债券、资产证券化等。

三、绿色基金的主要特征

（一）资金来源广泛

绿色基金的资金来源比较广泛，一般情况下其渠道形式包括：第一，企业投资者以及机构投资者利用市场进行融资形成的绿色投资基金；第二，通过个人或者非政府组织进行捐赠或者赞助，以及国际上一些组织援助等形成的专项绿色投资基金；第三，通过一些特殊的融资渠道，例如债务抵消或者发展合作而形成的绿色基金。

（二）投资对象多元化

为了实现经济、环境以及社会之间的协调平衡发展，绿色基金在进行投资对象的选择时不仅考虑在金融市场环境中生态效益表现较好的企业，还有直接针对在非金融市场环境中生态绩效表现较差的企业给予一些直接或间接的相关投资。

(三) 业绩表现较好

在绿色基金的大力发展下，金融市场上出现了社会责任指数，并且业绩表现良好，它是用来反映绿色基金投资标的企业的财务绩效的，和反映股票和股票市场总体表现的股票指数［例如标准普尔（S&P）500 指数］性质类似。更是由于其良好的业绩表现，才增加了绿色投资者的投资勇气和信心，也因此扩大了绿色基金的投资范围。

(四) 收益形式特殊

总的来说，绿色投资基金的收益分为有形收益和无形收益。有形收益是投资者的直接投资所带来的收益，其主要投资于企业以及一些环境项目，也包括用于提高生态效益而购买的政府、公司债券和股票所获得的红利和利息。无形收益是由于环境得到改善、空气质量得到提高以及发病率降低等而得到的社会效益。通过绿色基金投资可以使社会声誉得到提高，并为长期发展创造条件。作为责任投资，虽然企业不能直接拥有无形收益，但是获取无形利益是建立绿色基金的本质目标。

第二节 发达国家绿色基金分析

一、发达国家绿色基金概况

随着世界环保运动的发展，越来越多的国家和机构开始注重投资的绿色化。很多国家和机构设立绿色基金，绿色基金的形式和方式也呈现出多样化的特征。

目前，国外一些国家为资助绿色能源项目分别建立了全球层面、区域层面和国家层面的绿色基金。例如，全球层面的全球能效和可再生能源基金；区域层面的欧洲战略投资基金；国家层面的爱尔兰战略投资基金、美国公益基金等。

一些非营利性机构也设立了公共风险投资基金，通过投资节能及可再生能源项目，促进节能经济发展，如美国加州清洁能源基金。

另外，发达国家金融投资市场上已经出现了相当数量的有较好流动性的绿色投资基金产品，其中以 ETF 指数基金类产品为主，也包括碳排放类的衍生品等。这些产品吸引了包括个人投资者在内的更广泛的投资者群体。现在国际上绿色指数主要包括：标准普尔全球清洁能源指数（包含了全球 30 个主要清洁能源公司的股票），纳斯达克美国清洁指数（跟踪 50 余家美国上市的清洁能源公司表现）、FTSE 日本绿色 35 指数（环保相关业务的日本企业）。每个主要指数，都相应催生了跟踪该指数的基金。特色指数和基金还包括德意志银行 x-trackers 标普美国碳减排基金、巴克莱银行的“全球碳指数基金”（挂钩全球主要温室气体减排交易系统中碳信用交易情况的基金）等。

由于金融市场的发展程度不同，绿色基金在不同市场上有不同表现。在美国和欧洲，基金的发行主体主要为非政府组织和机构投资者；在日本，则以企业为主。

绿色基金的资金来源也存在差别，在美国主要是共同基金、财团和保险公司资金以及以有限合伙形式投入产业基金的个人或家庭资金和养老金；在欧洲和日本主要是证券公司、银行保险公司等机构资金。

就绿色基金的组织形式而言，美国一般采用有限合伙公司的形式；欧洲和日本则在公司内部模仿银行体制采用投资部门、审查部门和信息部门等职能分离的组织结构。

绿色基金投资领域和投资阶段的不同表现在，美国以高科技企业初创阶段为主，欧洲和日本则以项目风险较低的企业成熟阶段为主。

在绿色投资基金的资本退出机制方面，美国和欧洲采用 IPO、企业并购的形式；日本则采用 IPO 和企业相互持股的形式。

二、发达国家绿色基金发展现状

美国最初没有专门设立绿色基金，只在 SRI 基金内纳入生态投资。自美国诞生第一只绿色基金以来，诸如绿色世纪权益基金（Green Century Equity Fund，GCEF）、Parnassus Fund 等更多绿色投资基金在市场相继推出，带来了良好经济生态效益；这也促使更多 SRI 将生态环境纳入筛选范围，从而构成了美国初期的绿色投资基金。

1996 年美国成立了社会投资论坛（U. S. SIF），它为生态投资提供了广阔的交流平台，同时也标志着美国包括绿色投资基金在内的 SRI 进入高速发展阶段。1997 年美国绿色投资基金资金总额为 195. 73 亿美元，仅占 SRI 总额的 1. 5%，截至 2018 年，美国 ESG 投资（Environment Social Governance，即将环境影响、社会责任、公司治理三项非财务类因素考核纳入到投资决策）总额超过 30 万亿美元，其中，以环境影响作为筛选策略的绿色投资达到 10 万亿美元（图 4-1）。可见，绿色投资基金在美国的发展已进入相对成熟的阶段。

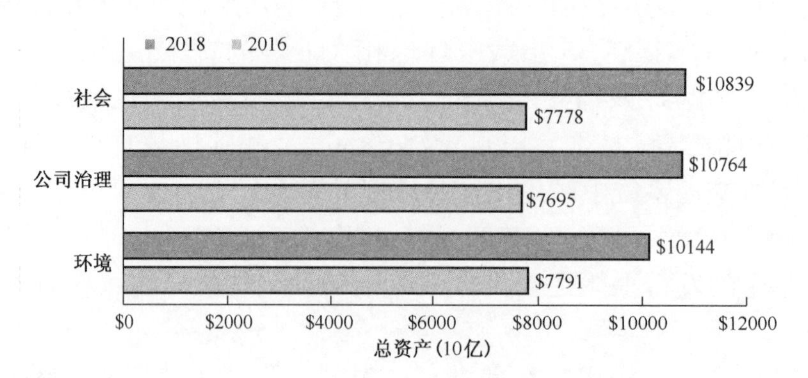

图 4-1 2016 年和 2018 年美国 ESG 投资规模

资料来源：美国 SIF 基金会

近年来，欧洲绿色基金加速发展（图 4-2）。截至 2017 年年底，欧洲市场上共有 176 只绿色基金，资产规模超过 320 亿欧元，基金平均业绩达到 10.6%。在欧洲绿色基金中，股票基金资产规模占比 88%，流入量占比 82%。从 2015 年开始的绿色债券产品发展势头强劲，流入量占比 17%，资产规模已达到 20 亿欧元。

2017 年，欧洲共新发行 16 只绿色基金，资产数量为 13 亿欧元，其中一半为绿色债券基金。绿色基金的流入量也十分显著，仅 2017 年一年就超过 70 亿欧元。

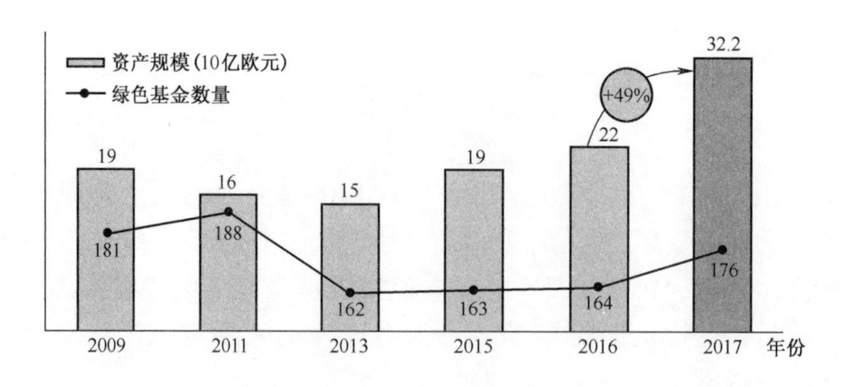

图 4-2 欧洲绿色基金规模

资料来源：Novethic

2017 年，在欧洲绿色基金中，水主题的基金流入量达到 18 亿欧元，居所有类型绿色基金流入量首位，总资产规模已达到 113 亿欧元。气候主题基金也依然强劲，资产规模将近 40 亿欧元，基金业绩超过 12%。

水主题基金在法国绿色基金资产规模中占比 32%，在瑞士则占到 65%，而英国环境主题基金占总绿色基金数量的 40%，总资产规模的 27%。英国将环境基金利用在全球投资可再生能源、能源效率、绿色建筑、运输、水、污染控制和废水处理等领域。低碳基金发展迅速，截至 2017 年年底，资产规模已达到 30 亿欧元，流入量 8.67 亿欧元，平均绩效 17.6%（表 4-1）。

表 4-1 2017 年欧洲绿色基金分类统计

基金类型	基金数量	资产规模（百万欧元）	流入量（百万欧元）	平均绩效(%)
合 计	176	32250	7274	10.6
新能源	8	340	10	10.4
气 候	22	3993	596	12.1
水	18	11301	1789	12.7
环 境	74	10590	3275	7.1
可持续	26	3108	707	6.7
低 碳	28	2720	867	17.6

资料来源：Novethic。

早期英国绿色基金在欧洲是一枝独秀，后来被法国和瑞士超越。截至 2017 年年底，英国的绿色基金占欧洲总数的 13%，而法国绿色基金发展势头强劲，占欧洲总量的 32%。很早就有环境主题绿色基金的瑞士，资产规模占到欧洲总量的 30%；法国和瑞士两国的资产规模超过 200 亿欧元，占欧洲总数的三分之二。德国、荷兰等国发展相对缓慢，且德国、荷兰和瑞典在欧洲绿色基金的份额分别为 7%、7%和 6%。

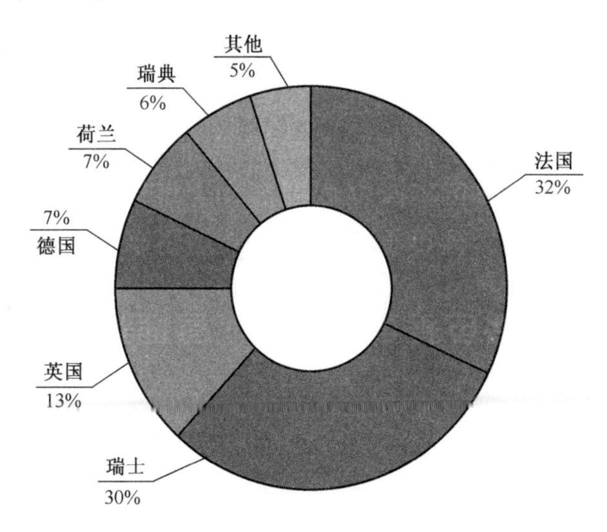

图 4-3 欧洲绿色基金规模

资料来源：Novethic

日本是亚洲国家中起步最早、也是目前为止发展最成熟的社会责任投资基金市场。在 1998 年以前，日本金融业对于与环境相关的金融业务关注有限，直到引进欧美金融投资机构将环境绩效整合到投资策略的方法，日本的绿色投资才发展起来。1999 年 8 月，日本 Nikko 公司发行了第一只以环保绩效为筛选投资标的准则的共同基金 Nikko Eco fund，之后，日本的可持续投资呈星火燎原之势，快速成长。特别是在 2015 年 9 月政府养老投资基金（GPIF）签署了责任投资原则之后，日本可持续投资的资产规模迅速增长。根据日本可持续投资论坛（JSIF）最新发布的《日本可持续投资白皮书》，日本的可持续投资中，一半以上是以环境绩效作为筛选策略，其中，机构投资的资产总额为 136.6 万亿日元，个人投资的资产总额为 7358 亿日元（截至 2017 年年底）。

随着日本环境披露制度和相关法律法规的不断完善，日本绿色投资基金的市场运作更加规范化和制度化。环境保护意识和绿色投资理念在日本企业和民众中得到强化，使得绿色投资在日本取得长足进步，既取得了良好的经济效益，又推动了生态环境的改善。

三、发达国家绿色基金案例

(一) 美国绿色基金案例

1. 政府性信托基金——美国环保超级基金

美国政府性信托基金是受法律限制、用于特定用途的专项基金。政府性信托基金的信用托付体现在公众支付特定税收和费用来换取政府在公共管理领域的某些行动。1980 年美国国会通过了《综合环境反应、赔偿和责任法》，该法案因其中的环保超级基金而闻名。环保超级基金主要用于治理全国范围内的闲置不用或被抛弃的危险废物处理场，即所谓的“棕色地块”，并对危险物品泄漏做出紧急反应。

超级基金的初始基金为 16 亿美元，来源有两个：13.8 亿美元来自对生产石油和某些无机化学制品行业征收的专门税；2.2 亿美元来自联邦财政。1996 年国会修改超级基金法时，将基金总数扩大到 85 亿美元，其中 25 亿来自年收入在 200 万美元以上企业的附加税；27.5 亿来自联邦普通税；3 亿来自基金利息；3 亿来自费用承担者追回的款项等。

超级基金主要用于支付以下费用：①联邦政府和州政府实施的，针对那些不符合《全国应急计划》的废物处置进行的迁移和补救行为的全部费用；②任何个人实施的，针对那些不符合《全国应急计划》的废物处置进行的其他“必须”的责任费用；③因泄漏危险物质而造成的对“天然资源”的破坏等。

根据超级基金法的有关规定，只有当责任主体不能确定，或无力或不愿承担治理费用时，超级基金才可被用来支付治理费用。之后，超级基金将提起诉讼，向能找到的责任主体追索其应支付的治理费用。

2. 股权投资基金——加州清洁能源基金（CalCEF）

加州清洁能源基金是一个专门从事直接投资和母基金投资的股权投资和风险投资公司。基金成立于2004年，目的是促进加州节能及可再生能源产品的示范和推广投资，投资领域包括生物柴油、交通、可再生能源和其他技术，投资对象是处于早期阶段的公司及种子或初创公司。该基金的初始资金来自太平洋天然气和电力（PG&E）公司的公共事业破产清算。成立以来，CalCEF已经投入了15亿美元的资金，支持了100多家清洁能源公司，并成立了行业领先的解决方案协作中心。

该基金倾向于投资专注清洁能源与转型清洁技术的私营公司，投资领域包括低碳交通、绿色建筑、清洁化石燃料、太阳能、能源效率、绿色照明、能源存储、产品及服务含软件（包括可再生能源发电、电力和通信传输线路、配电、需求侧管理等）。倾向于上限为50万美元的股权投资。

CalCEF基金作为非盈利组织而建立，它投资于“盈利性”企业并且利用所获得的利润对其他值得资助的公司进行再投资。早期和晚期阶段的项目都有资格获得投资。目前，CalCEF有5项投资计划：

（1）CalSEED，是加州能源委员会的一项资助计划和专业发展计划，旨在帮助创新者和企业家将早期清洁能源概念推向市场。它将在未来五年内为大约100名企业家提供2400万美元的早期融资。

（2）CalCharge，是一个由企业、研究机构、政府计划和其他创新成员组成的能源存储技术联盟。通过筹集的资金支持能源存储技术研究、技术培训及商业化。

（3）New Energy Nexus，是一个全球清洁能源孵化器和加速器网络。旨在促进世界各地清洁能源领域初创公司、加速器，产业和投资者之间的协作。目标是孵化和加速全球十万家清洁能源创业公司。

（4）Free Electrons，是全球能源启动加速器计划，旨在将世界上最有前途的初创公司与主要公用事业公司联系起来，共同创造新的客户解决方案和能源产业的未来。该计划为处于后期阶段的能源创业公司提供了前所未有的机会，可以帮助他们获得公用事业合作伙伴，并扩展到全球市场。

（5）XIR，为致力于发展清洁能源业务的创业者提供1万～1.5万美元，以支持其三个月的研究、分析、概念原型设计及其他投资前阶段的活动。

3. 绿色社会责任投资基金——Calvert全球水基金

Calvert基金公司是美国成立最早、也是目前规模最大的社会责任投资基金之一。Calvert的投资理念是，好的公司都拥有优秀的、高瞻远瞩的管理团队；

只有那些尊重雇员、善待社区、保护环境的公司才能够获得更大的成功。

在投资筛选上，Calvert 开创性地提出了“双重审核（Double Diligence）”制度，并将其纳入投资决策的程序中。所谓双重审核，即严格审查和评估目标企业的财务指标和社会环境责任指标。当且仅当目标企业能够满足这双重标准，Calvert 才会做出买入或卖出的决策。

具体地说，Calvert 的社会与环境责任指标包括如下几个方面的内容：公司治理与企业伦理；环境保护；工作场址管理；产品安全和影响；国际经营和人权保护；尊重他人权益；社区投资。最近，Calvert 还独树一帜地倡导妇女权益保护，提出了 Calvert 妇女原则（Calvert Women's Principles）。这一原则从信息披露、公布和监控，雇佣和收入，健康安全和无暴力，民间和社区参与，管理与治理，教育培训和职业发展，商业、供应链和营销实践等七个方面考察目标企业对妇女的尊重和待遇情况，将此作为一项重要的投资考核标准。

Calvert 对环境因素的考察包括：①目标企业对环境法律法规的遵守情况。Calvert 会调查该企业对联邦政府、州政府和地方政府等不同层次的法律法规的遵守情况，并且会将该企业与同行业内的其他企业进行相对比较。②企业生产工艺和产品的污染治理、环境影响、发展趋势的信息披露。Calvert 会调查企业污染情况包括有毒有害物质的产出，有毒化学物质和副产品的处理处置，对已经受污染的场址所承担的责任（如超级基金法案规定的责任），以及有关的环境罚款和诉讼。③企业对土地和生态系统的环境影响，以及一些环境保护项目的参与情况。Calvert 要求被投资的企业应该妥善考虑企业经营对生物自然栖息地的影响，不希望企业因为商业活动威胁自然栖息地的可持续发展，Calvert 也拒绝投资那些近期涉及污染事件丑闻的公司。

此外，Calvert 明确指出将拒绝投资参与核能运营的公司，以及为这些公司提供核心部件的企业。Calvert 做出这一决定的依据是当前的核能技术无论是从环境角度看还是从经济角度看，都是不可行的。

Calvert 会积极投资如下类型的企业：

（1）定期进行环境审核，并且将审核结果以书面报告的形式公布；

（2）应用更严格的减少或避免污染的标准，在全世界范围内负责任地使用自然资源；

（3）已经采用了创新性的污染预防措施，或自然资源保护行动；

（4）采取了对环境保护的积极行动，例如参加政府或其他机构组织的可持续发展项目（如 ISO14001）等；

（5）要求企业高管对企业的环境表现负责，在企业内部采取措施，奖励那些改善企业环境状况的员工。

Calvert 在 2008 年发行了全球水基金。Calvert 全球水基金（Calvert Global

Water Fund）是开放式共同基金，纵观基金历史，它是2014～2015年增长最快和规模最大的全球水基金。截至2018年，基金规模已超过4.5亿美元，投资的证券超过100个，是水资源领域最为多元化的投资基金。该基金将超过53%比例的资金投资在国外股票，尤其是亚太地区和发展中国家，主要以中盘股为主，对小盘股的分配也比大盘股多。除将资金投资在水资源价值链下的供给端，包括水利、水配输、水技术及水基建水等行业，Calvert还将25%的资金配置于水资源价值链下的需求端。近年来，很多密集用水行业，在降低水使用量、提高水使用效率和承担可持续发展责任等方面投入人力、时间及资金，发展解决缺水问题的解决方案，Calvert通过投资这些行业领导者或公司，解决行业基金常有的多角化不足的问题，降低投资风险。

结合环境、社会和公司治理投资（Environment Social Governance，ESG）任务的Calvert全球水基金，尽管是一个独特的资管计划解决方案，具有多元化投资的优点，对促进水资源的保护和可持续发展具有推动作用，但随着低费用ETF基金的激增，Calvert全球水基金的投资回报率落后于其他水基金（如安联全球水资源基金、PowerShares水基金和第一信托水基金等），且在过去三年一直处于亏损状态，已经出现资金流出的情况。

（二）欧洲绿色产业发展基金案例

1. 母子基金——全球能源效率和可再生能源基金（GEEREF）

母子基金（FOF）不是直接投资于股票、债券和项目，而是基金投资组合的投资策略。母子基金在绿色能源领域的最佳案例是全球能源效率和可再生能源基金（GEEREF）。

全球能源效率和可再生能源基金是由欧盟委员会、德国和挪威于2008年成立，总规模为1.12亿欧元，由欧洲投资银行管理，用以提高发展中国家的能源利用效率和发展可再生能源，并最终遏制全球气候变暖的进程。

基金专门投资于欧盟以外的新兴市场，集中服务于79个非洲、加勒比和太平洋地区以满足发展中国家的需求，同时也投资于拉丁美洲、亚洲和欧盟的邻国，并对制定了有关能源效率和可再生能源政策及监管框架的国家优先考虑投资。基金投资重点包括：①可再生能源，包括小水电、太阳能、风能、生物质能源和地热；②能源效率，包括余热利用、建筑节能管理、热电联产、储能和智能电网。

GEEREF是一项公私合营模式的全球风险资本创新基金，它可以通过利用少量公共资本启动私人资本对发展中国家和经济转型国家的旨在提高能效和可再生能源利用的小型工程项目进行投资。其目的是最大限度地发挥公共资金的杠杆作用，希望通过提供新的风险分担和共同筹资机制调动私人资本对提高能效和可再生能源利用项目投资的积极性，进而打破对该领域的投资障碍。2015年5月，GEEREF成功完成了私营部门投资者的融资，管理的资金总额达到2.22亿欧元。

GEEREF作为母基金，不直接向可再生能源和能效项目或企业提供资金，而是投资于专门向中小项目开发者和中小企业提供股权融资的股权投资基金。这种方式，进一步提升了GEEREF投资的杠杆效应。据估计，2.22亿欧元的母基金，通过GEEREF参与的基金以及这些基金投资的最终项目筹集超过100亿欧元。截至2018年10月，GEEREF已经在非洲、亚洲、拉丁美洲和加勒比海地区投资了13只基金。

2. 国家投资基金——挪威发展中国家投资基金(Norfund)

挪威发展中国家投资基金（Norfund）是由挪威国会在1997年设立的一只国有基金，资金来源为政府预算，投委会高层以政府背景为主，是挪威政府投资发展中国家的主要工具，投资的目标为撒哈拉以南、东南亚和中美洲的发展中国家。

Norfund投资在发展中国家与清洁能源、金融机构、食物和农业有关的项目，也投资一些针对中小企业的基金。清洁能源是Norfund最大的业务领域，约占投资业务的一半。在水力发电领域，投资了SN power，拥有100%股权，以期成为新兴市场领先的水电供应商；太阳能发电领域，投资了具有250兆瓦发电量的Scatec Solar；图尔卡纳湖风电项目（LTWP），Norfund投资了12.5%的股权，旨在为肯尼亚国家电网提供310兆瓦可靠、低成本的风电；2015年，Norfund收购了非洲领先的独立电力公司之一Globeleq 30%的股份，这是一家建设以太阳能、风能和天然气为主要燃料来源的发电厂。

Norfund的投资方式以股权投资为主。投资规模通常在400万美元以上，最多拥有35%的所有权份额，投资期限通常为5～10年。另外还提供贷款和担保，也作为母基金投资一些中小企业发展的私募股权基金。迄今为止投资组合的内部收益率（IRR）为5.4%。截至2017年年底，投资的公司数量超过700家，资金总额达2.3亿美元。

3. 绿色产业投资基金——百利达水资源基金(Parvest Aqua)

百利达水资源基金是由法国巴黎银行资产管理公司（BNP Paribas Asset Management，BNPP AM）发行的股票型水资源主题基金，由Impax资产管理公司管理。BNPP AM从2002年开始从事可持续性投资，截至2018年共管理超过350亿欧元的社会责任投资和将近9亿欧元的绿色债券。BNPP AM拥有10只绿色基金，绿色基金资产规模超过5亿欧元。得益于BNPP AM密集、强大的市场网络，2017年绿色基金的资金流入量达到22亿欧元，平均业绩达到15.6%。

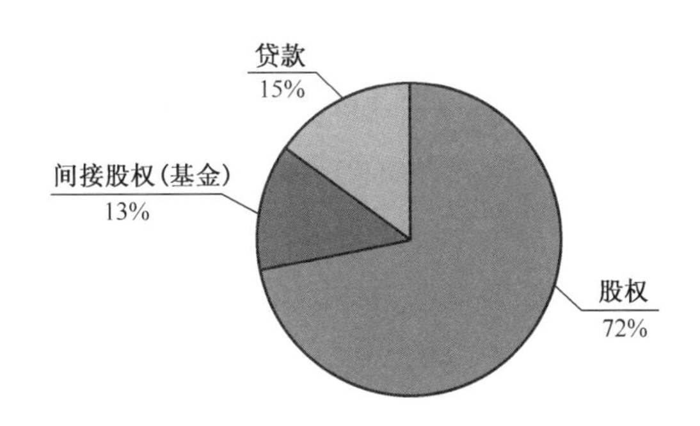

图 4-4 Norfund 投资方式分布

资料来源：Norfund

百利达水资源基金投资于全球范围的水资源主题股票，组合投资全球 50～60 个涉及水处理，水保护，水循环利用，安装、维护和升级水系统，下水道设施及污染控制的公司。截至 2018 年基金资产规模达到 13 亿欧元。受益于全球水主题大盘股的强劲表现，百利达水资源基金过去五年的业绩均达到 10%以上，五年累计业绩达到 57.01%。

（三）日本绿色基金案例

2013 年 7 月，由日本环境省建立的日本绿色基金（Japan Green Fund）开始运作。环境省任命绿色金融组织（CFO）作为基金管理机构。CFO 由执行委员会和运营团队组成，定期接受法律、技术和其他专家组成的咨询委员会的外部建议。绿色基金的资金来源是 2012 年设立的化石燃料碳消费税。

绿色基金的建立是为了筹集建设清洁能源项目所需资本，包括开发和建设的高额前期成本以及长期运营和收入阶段所需资本。绿色基金的目标是通过股权和夹层投资来促进各种类型的清洁能源商业项目，从而吸引私人资金，股权投资仅限于总股本金额的 50%以下，在某些情况下，也可能创建子基金来汇集 CFO 和其他出资人的股权投资。该投资策略旨在降低债务与权益比率，以促进贷款融资。投资项目在减少温室气体排放的同时，通过与当地公司合作促进当地经济发展。GFO 专门投资于在区域团体中具有可复制性的新业务模式的项目，对鼓励在全国范围内扩大对当地私营部门的绿色投资具有很好的促进作用。

GFO 与当地团体合作，在当地部署清洁能源项目，并将项目的利润投资于当地低碳建设，例如，将 7MW 太阳能项目的一部分利润捐献给当地用于清洁能源教育设施的环保基金，以及一个小型水电项目为儿童设立奖学金。除了投资项目外，绿色基金还与其他项目业主和私人参与者分享与项目相关的信息，以帮助他们了解低碳能源（包括风能、太阳能、小规模水力、生物质能源和地热等）项目技术和财务可行性及可持续性。

自2013年开始至2017年3月，GFO通过绿色基金向总价值超过9亿美元的项目投资1.1亿美元，撬动私人来源资金杠杆率超过10：1（比率计算时考虑到额外未公开的公共和私人投资）。GFO投资的项目预计每年可减少近100万吨的二氧化碳排放量。

第三节 中国绿色基金的发展现状

中国的绿色基金相对于发达国家起步稍晚，但近几年发展迅速，已成为世界上绿色基金发展最快的国家。截至2016年年底，在中国基金业协会备案的265只节能环保、绿色基金中，股权投资基金159只，占比达到60%；创业投资基金33只；证券投资基金28只；其他类型基金45只。

一、国家绿色基金

2016年8月31日，中国人民银行、财政部等七部委联合印发了《关于构建绿色金融体系的指导意见》，明确提出支持设立各类绿色基金，实行市场化运作。中央财政整合现有节能环保等专项资金设立国家绿色基金，投资绿色产业，体现国家对绿色投资的引导和政策信号作用。鼓励有条件的地方政府和社会资本共同发起区域性绿色基金，支持地方绿色产业发展。支持社会资本和国际资本设立各类民间绿色投资基金。政府出资的绿色基金要在确保执行国家绿色发展战略及政策的前提下，按照市场化方式进行投资管理。

目前，我国还没有设立国家绿色基金，中央财政主要对绿色产业给予直接资金支持，设立了“节能减排补助资金”“可再生能源发展专项资金”等多项节能环保领域专项资金，对于环保领域也制定了多项税收方面的鼓励、引导或约束政策。整合现有各项环保领域专项资金，建立国家绿色基金，专门用于绿色经济发展特定领域，如雾霾治理、污染防制、清洁能源、绿化和风沙治理、资源利用效率和循环利用、低碳交通、绿色建筑、生态保护和气候适应等领域，将会促进中国发展绿色投资的理念转变、体现国家对绿色投资的引导和政策支持，成为中国绿色金融发展的重要动力。

二、地方政府和社会资本共同发起的区域性绿色基金

截至 2017 年年末，我国由地方政府主导或参与的绿色基金或环保基金达到 50 只，社会资本主导发起设立的绿色基金达到了 200 多只。各省（自治区、直辖市）也纷纷出台支持绿色基金的政策措施，鼓励有条件的市县政府与社会资本共同发起绿色基金，支持绿色产业发展，合理设定绿色基金的组织形式和政府参与方式，构建有效退出机制。

目前，据不完全统计，内蒙古、云南、河北、湖北、广东、浙江、贵州、山东、陕西、重庆、江苏、安徽、河南、宁夏等省（自治区、直辖市）先后设立了绿色基金，主要借助政府和社会资本合作（Public-Private-Partnership，PPP）模式，吸引社会资本，以推动绿色投融资。

PPP 模式基金由政府发起，吸引社会主体出资，政府与社会主体建立起“利益共享、风险共担、全程合作”的共同体关系，使政府的财政负担减轻，社会主体的投资风险减小。

PPP 模式基金的组织形式有公司型、契约型和有限合伙型。公司型基金是依据公司法成立的法人实体，通过募集股份将集中起来的资金进行投资。投资者是基金公司的股东或投资人，基金很大一部分决策权掌握在投资人组成的董事会，因此，投资人的知情权和参与权较大。公司型产业基金的结构在资本运作及项目选择上受到的限制较少，具有较大的灵活性。在基金管理人选择上，既可以由基金公司自行管理，也可以委托其他机构进行管理。公司型基金组织形式如图 4–5。

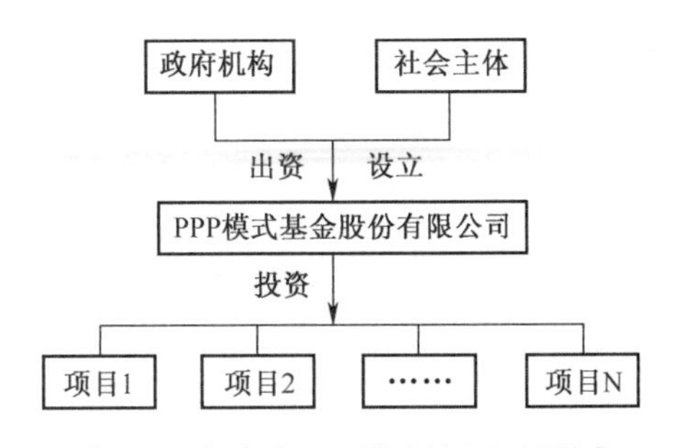

图 4–5　公司型 PPP 模式基金组织形式

契约型基金一般采用资管计划、信托和私募基金的形式，投资者不是股东，而是作为信托、资管等契约的当事人和基金的受益者，无权参与管理决策。这种形式下，所有权和经营权分离，有利于基金进行长期稳定的运作。契

约型基金是一种资金的集合，与公司型产业基金不同，契约型产业基金不具有法人地位，必须委托基金管理公司管理运作基金资产。契约型基金的组织形式如图 4-6。

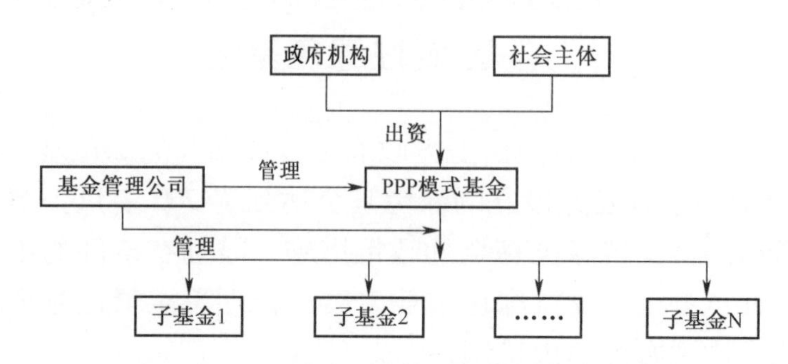

图 4-6 契约型 PPP 模式基金组织形式

有限合伙型基金由普通合伙人（General Partner，GP）和有限合伙人（Limited Partner，LP）组成。通常情况下，GP 是资深的基金管理人或运营管理人，在有限合伙基金的资本中占有很小的份额，但负责基金投资和运作的是基金的实际管理者和运作者，其对 LP 有保值增值义务。GP 承担无限责任，除了承担基金的管理运作职能外，一般还担任劣后级，优先承担一定比例的投资风险和损失，报酬结构以利润分成为主要形式。LP 作为基金的主要投资者，实际上放弃了对有限合伙基金的控制权，不直接参与基金管理，只保留一定的监督权，将基金的运营交给 GP 负责，对投资活动承担有限责任，并享受优先分红。有限合伙型基金组织形式如图 4-7。

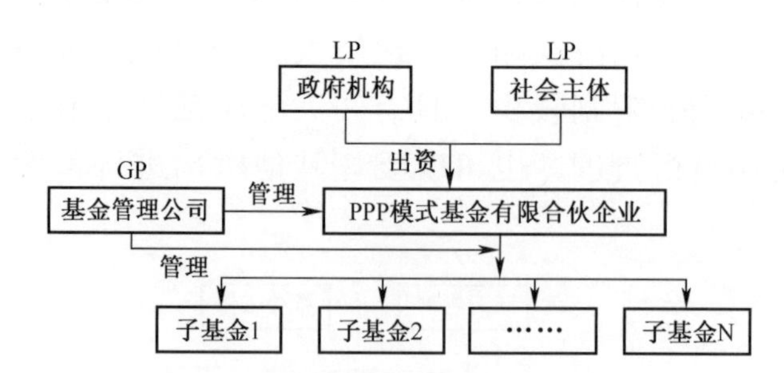

图 4-7 有限合伙型 PPP 模式基金组织形式

PPP 基金的运作模式通常有单基金、双基金（即母子基金）和多层嵌套三种模式。单基金模式如图 4-8，PPP 基金由政府发起，吸引社会主体共同出资，形成基金直接进行投资。母子基金如图 4-9，由政府发起，吸引社会主体出资设立 PPP 母基金，母基金拆分成多个子基金，直接进行投资。母基金的总规模等于各子基金规模的总和，即各子基金的出资全额来自母基金。多层嵌套运行模式如图 4-10，政府发起，吸引其他出资人共同出资，形成母基金；母基金拆分成子基金后，再由子基金作为引导基金，吸引其他出资人形成专项基金进行投资。在这种情况下，政府可能对每个子基金分别委托基金管理机构，而不是由某个基金管理机构全权负责PPP母基金旗下的所有子基金。

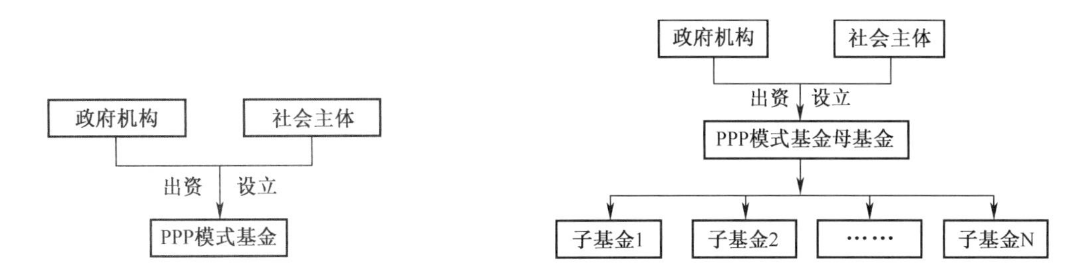

图4-8 PPP模式基金单基金运行模式

图4-9 PPP模式基金母子基金运行模式

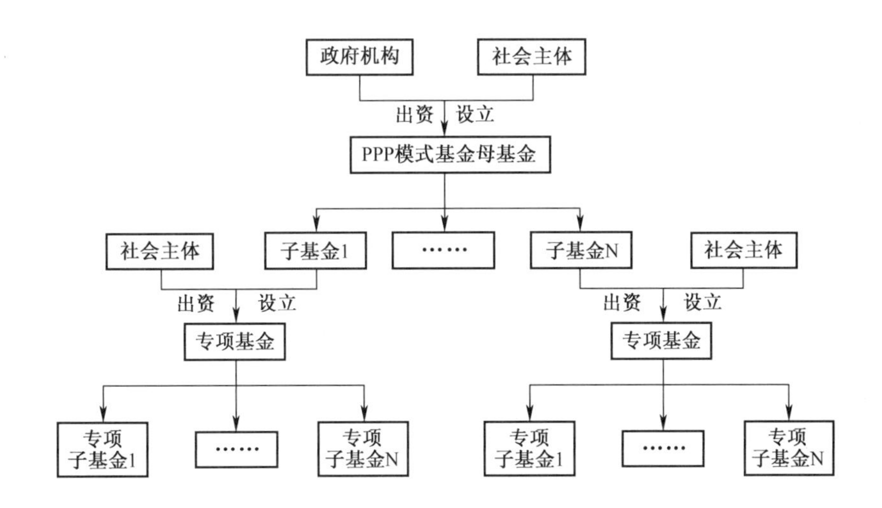

图4-10 PPP模式基金多层嵌套运行模式

PPP基金的投资模式主要有投资入股PPP项目公司、为PPP项目公司提供债权融资及投贷结合三种投资模式。PPP基金的回报机制与投资模式息息相关。实行股权投资的项目，按股权的比例享有收益；实行债权投入或以固定回报注入资本金方式的项目，按约定的固定回报率获取收益，该固定回报率以同期人民币贷款基准利率上浮一定幅度来设置上限。

PPP基金存续期限届满，如果有项目尚未实现退出，可考虑由投资该项目的基金出资人表决是否延长存续期限，如果未能获得通过，该基金应到期立即进行解散，基金尚未完成退出的PPP项目公司股权由出资人直接持有，而债权可通过提前设计使其不超过PPP基金存续期，这是PPP基金退出模式的一种。PPP基金退出的另一种模式是，PPP基金存续期限届满，其股权投资部分由政府或社会资本回购，债权部分同样可使其不超过PPP基金存续期。

三、社会资本绿色投资基金

据中国人民银行测算，“十三五”期间我国绿色经济每年需投入约3%的GDP规模，年均在2万亿元以上。在全部绿色投资中，政府出资占比为10%～15%，社会资本占比为85%～90%。2017年6月14日，国务院常务会议决定建设绿色金融改革创新试验区，多措并举，推动经济绿色转型升级，并提出支持创投、私募基金等境内外资本参与绿色投资。将绿色投资纳入到基金的投资决策过程，将绿色基金产品配置到广大投资者的财富管理中，既是经济转型和绿色发展的需要，也是基金行业自我变革的需要。

目前，节能减碳、生态环保已成为很多私募股权基金和创业投资基金关注的热门投资领域。从2014年以来，很多环保企业积极参与绿色基金的设立和运作，如北控水务联合星景资本设立北控星景水务基金投资国内水务及相关水环境领域项目；万邦达联合昆吾九鼎设立总规模为20亿元的万邦九鼎环保产业投资基金，聚焦“大环保”产业链上下游具有重要意义的相关标的，充分发掘在工业水处理、市政水处理、烟气治理、固废处理处置、节能减排等方面的投资机会；上海博纳世资产管理有限公司与上海巴安水务股份有限公司共同发起设立南昌巴安博宁环保产业投资基金，目标规模15亿元人民币，对市政水处理、工业水处理、固体废弃物处理等环保领域中具有发展潜力的公司进行股权投资合作，投资方式包括增资、控股权收购、过桥融资等方式。

四、中国绿色基金案例

（一）PPP模式基金

1. 重庆市环保产业股权基金

2015年6月，重庆市政府出资10亿元成立重庆环保产业股权投资基金。该基金是由生态环境部和重庆市政府发起的，第一只在中国证券投资基金业协会登记的政府主导环保类基金。截至2018年12月底，累计完成了28个项目投资，投资总额4.48亿元。共发起设立基金13只，其中母基金1只，子基金12只，认缴规模约80亿元。

该基金在全国各省（自治区、直辖市）设立环保基金，并逐步向地市、县级延伸，提高业务覆盖范围。充分利用各省（自治区、直辖市）设立的产业引导基金和创投基金，联合设立天使基金和种子基金。对覆盖生态、节能、环保、新能源、新材料等领域处于种子、天使、成长、成熟、Pre-IPO 等各发展阶段的企业进行股权和债权投资，拓展大气、水环境监测，小流域治理，固体废物处理等需要较高技术水准的 PPP、EPC 项目投资，引导社会资本进入资金密集项目领域。

基金采用“母子基金”的运作模式，通过“募、投、管、退”四个阶段，充分发挥基金的杠杆撬动作用，引导社会资本支持与发展环保事业，为股东、投资者及企业创造更多的经济价值和更大的社会效益。

(1) 资金募集：重庆环保基金与政府、金融机构、其他机构投资者签订了战略合作协议以投资方式参与环保基金，通过提高杠杆比，充分利用母基金撬动社会资本参与环保产业建设，同时也可与其他地方政府机构共同引进社会资本建立子基金，促进环保基金发展。

(2) 项目投资：所有投资项目从立项到投资签约，风控合规部将全程介入，评估项目的管理团队、产品和服务、市场营销、财务及商业模式，确保项目符合投资条件并确保每个项目都有较为安全的退出通道。

(3) 投后管理：环保基金对被投企业有完善的投后管理制度，通过日常及定期两种管理机制实现对被投企业的分析监控，并定期召开投后管理分析会议，对已投项目进行综合性分析评价。

(4) 提供增值服务：环保基金将与投资项目企业提供管理辅导、业务网联、融资引荐等增值服务，促进投资企业可持续发展。

(5) 畅通退出机制：建立多维的项目退出通道，凭借良好的行业判断能力，根据投资企业的各项指标，把握最佳退出时机。

2. 广东环保基金

2015 年 12 月 17 日，广东环保基金《合作备忘录》在广州市签署。由广东省属创投国企粤科金融集团代表广东省财政出资 20 亿元、平安银行广州分行出资 40 亿元、广东建工集团出资 3 亿元组成母基金，通过 PPP 模式引入社会资本，撬动约 200 亿元社会资本投向粤东西北等地区生活垃圾和污水治理领域。

粤科金融负责基金的具体运营管理。母基金以股权投资的方式投向专门为运作 PPP 项目包而设立的子基金。组建子基金时，约定子基金中的社会资本对环保基金做出的回购承诺，在环保基金存续期内，母基金有权根据约定向社会资本转让股权，完成退出。子基金投资的项目公司中的 PPP 项目，可通过 IPO 和上市公司并购等方式退出。基金在存续期内收回的投资，经全体出资人一致同意后，可选择再投入其他子基金项目。社会资本的获利空间主要有两大块：一是投资垃圾和污水处理项目本身的收益；二是政府财政资金投资获利后的让利。

3. 内蒙古自治区环保基金

(1)基金规模和来源:

内蒙古自治区环保基金由政府和 4 家企业共同投资发起并组成“环保母基金”。初始规模为 40 亿元，其中政府引导性资金 10 亿元，吸收其他 4 家社会资本采取认筹的方式出资 30 亿元。在母基金的基础上，按照市场化运作方式，以不低于 1∶5 的比例放大母基金，形成 200 亿元的环保基金年度投资规模。

“十三五”期间，内蒙古自治区政府每年将注入 10 亿元政府引导性资金，按比吸筹，五年期间母基金总体规模可达 200 亿元，5 倍比例放大后，基金投资可达千亿元以上。政府引导性资金主要来源于排污收费、中央环保专项资金及初始排污权有偿使用和排污权交易收入。

(2) 基金投资方向和原则范围:

基金投资方向一是用于解决政府职责范围内的公共环境问题，如城镇污水处理厂新建和提标改造、城镇雨污分流管网配套建设、城镇生活垃圾无害化处理和综合治理利用、工业园区环境综合整治等社会环境公益项目，这些项目既是环境欠账形成的，也是地方政府急需补短板的工程。二是支持企业解决污染治理设施建设运行和污染物综合利用过程中资金投入不足的问题。三是充分发挥基金投入的杠杆效应，引进和吸收国内外环境治理先进技术和团队，推动环境治理技术的研发、应用和第三方治理服务市场的形成与发展。四是通过环保基金的引导投入，在呼和浩特市创建环保产业园，发挥孵化效能，推动环保产业加快发展。

基金投资原则范围一是坚持“优先区内”原则。“十三五”期间环保基金投入到区内的比例在 2018 年前不低于 80%，之后不低于 60%。二是坚持“优先环保”原则。环保基金主要用在环境治理和环保产业的发展上。三是坚持“市场选择”原则。环保基金投资要重点支持政府公共领域环境治理项目、国家和自治区重点项目环境保护等有竞争优势的项目，促进环保基金的健康发展。

(3) 经营管理:

按照有关规定，内蒙古环保投资公司将代表自治区人民政府出资，履行出资人职责，对环保基金的投资方向和投资原则享有“一票否决权”。政府引导性资金的来源、基金合伙企业的投资意向、基金的投资方向都与自治区环保厅的工作职责密不可分，因此，内蒙古环保投资公司应由自治区国资委授权自治区环保厅作为业务主管部门，使基金投资与环保业务方面具有协同性和指导性。

根据合伙协议，“环保母基金”要注册一个基金管理公司，共同确立环保基金管理章程，内设合伙企业联席会、投资决策委员会、专家咨询委员会等议事决策及管理机构，主要职能是对基金投向、重点项目筛选、绩效评价等事宜进行审核和把关。按照基金市场化运作模式，"环保母基金"不直接投资项目，而是针对不同的环境治理项目，分别打造若干项目包向国内公开招标专业基金管理公司来运营。

"环保子基金"由中标后的专业基金公司管理，负责对项目包进行投资和运营。通过"环保母基金"引导资金的注入，子基金管理公司负责吸收其他社会资本进入，二次放大后形成各子基金的投资规模。"环保子基金"的主要职能是对环境治理项目直接投资，各专业基金管理公司根据公司经营特长，通过投标方式选择环境治理项目包，对治理项目进行投资估算、私募资金、运行管理、风险管控、收益分配、基金退出等全过程管理。

（4）风险管控与退出：

综合国内基金运行规则，风险管控与退出工作要重点把握好以下几个节点：一是通过托管银行封闭管理来规避风险，对政府投入的引导性资金，通过托管银行全程跟踪管理的方式，使资金在托管银行内封闭运转，只有完成社会资本融资后，方可从托管银行划拨资金到投资项目上。二是通过市场择优选择投资项目最大限度地规避投资风险，基金投资优先选择政府环境公益性、有社会收费偿还渠道的环保治理项目，国家和自治区能源基地、产业先进的火电、煤化工等列入国家重点行业的项目，及业主资质好、竞争力强的项目。三是通过基金常用的"股权、债权、担保、破产清算"等方式确保基金退出，基金投资治理项目前，子基金管理公司将根据对项目投资风险的评估，对项目业主采取上述方式确保基金的退出。

4. 宁夏环保产业基金

宁夏环保产业基金成立于 2016 年，由盈峰环境科技集团股份有限公司、凯利易方资本管理有限公司、易方达资产管理有限公司及宁夏旅游资本管理有限公司共同发起设立，由凯利易方资本管理有限公司负责管理，基金投资方向为以环保产业为主题，主要聚焦在环保新技术研发与新装备应用、重点领域环境污染治理、发展新型环保服务业、解决政府责任内的公共环境问题等领域。坚持环保优先，与环保直接相关的项目投资不低于总投资的 80%；坚持区内优先，"十三五"期间环保投资基金在自治区内投资的比例在 2018 年前不低于 70%，之后不低于 60%。同时，基金按市场化方式独立运作，自主经营、自负盈亏，政府部门不直接干预基金的投资运营。基金坚持风险共担原则，政府和社会出资人同进同退、风险共担、利益共享。

基金总规模为 10 亿元，其中政府引导性资金为 1 亿元，向社会投资人和金融机构募集 9 亿元，杠杆比为 1∶9。基金拟发行两期，每期经营期限为 5 年，前 3 年为投资期，后 2 年为投后管理及项目退出期。首期规模为 5 亿元，凯利易方资本管理有限公司作为普通合伙人认缴出资 50 万元，宁夏旅游投资集团有限公司受自治区环境保护厅委托认缴出资5000万元，盈峰环境科技集团有限公司认缴出资5000万元，易方达资产管理有限公司代表其管理的专项资产管理计划认缴出资39950万元。

宁夏环保产业基金将传统的政府项目资金管理采用政府财政资金直接投资（补助）项目、一次性使用资金、各单位分散管理项目的方式，转变为财政资金带动社会资本，委托专业机构投资管理项目，对接资本市场，可实现财政资金保值增值、滚动放大、持续投入。基金的设立将充分发挥财政资金的引导放大作用和市场在资源配置中的决定性作用，撬动社会资本积极投入环境保护领域，加快环保新技术、新成果的转化和运用，实现政府、环保产业、社会资本的优势互补、良性互动，将有效解决随着污染治理需求不断加大，所造成的环境保护和污染防治投入缺口增大的瓶颈问题，解决环境基础设施和污染治理设施建设滞后等突出问题，以污染治理的大投入大项目，助推环境质量的大改善大提升，促进环境科技、环保产业的健康发展和环境治理能力的加速提升。

5. 江苏省生态环保发展基金

2016年12月，江苏省委、省政府正式提出开始实施“两减六治三提升”（简称“263”）行动。“两减”指减少煤炭消费总量和减少落后化工产能；“六治”指重点治理太湖水环境、生活垃圾、黑臭水体、畜禽养殖污染、挥发性有机物污染和环境隐患；“三提升”指提升生态保护水平、提升环境经济政策调控水平和提升环境监管执法水平。

江苏省政府投资基金根据省委“两聚一高”精神和“263”专项行动，联合中国华融资产管理股份有限公司发起设立江苏省生态环保发展基金，以沿江地区为重点，兼顾太湖地区、沿海地区、沿淮河地区的生态治理和环境保护。

江苏省生态环保发展基金由华融天泽在江苏成立的华融中财投资基金管理有限公司作为基金管理人，与省投资基金共同发起设立母基金，采取“母基金+子基金”模式，母基金无实体，下设实体子基金，组织形式根据业务特点采取合伙制、契约型或公司制等多种设立形式。

基金总规模为800亿元，基金存续期为10年。由省投资基金、华融天泽、江苏各地市政府、社会资本、金融机构等多元化的主体共同出资。首期由省投资基金向母基金出资20亿元，华融天泽联合各环保类企业向母基金共计出资40亿元。子基金由母基金出资，同时引入各类社会资本、金融机构作为有限合伙人出资，出资主体和比例根据子基金业务的不同而有所差异。

基金的投资目标和定位重点放在危化品搬迁、水环境治理、生态修复保护等“263”专项行动项目。除基金自身具备的投融资职能以外，还将联合中国华融旗下不良资产收购、券商、租赁、信托等各类业务平台，运用多种金融工具运作项目，例如资产证券化、设备租赁、信托贷款等。

江苏省生态环保基金下设的子基金有生态环保股权投资基金、生态环保资产处置基金和生态环保设施升级基金。

生态环保股权投资基金专注环保企业股权投资。该基金规模拟定为100亿元，主要以股权投资形式投资于江苏省内生态环保类企业，旨在支持在环保产业上具有创新能力的新型环保企业发展，重点关注污水处理和水治理方面的企业。投资范围将会覆盖初创期企业、发展期企业、Pre-IPO期企业，全力扶持环保企业做强做大。在基金发展中后期，会另行设立并购子基金，将对已建成的污水处理厂进行收购兼并，对污水处理进行集中化管理，既能够提高污水处理的效率和效益，又能在资产集中到一定规模后通过资产证券化等途径盘活流动性，实现循环投资。在苏南地区，直接参与当地较为成熟的投资公司的已有股权投资基金，挑选基金规模已经较大、运营已经很成熟、项目储备较多的合作机构，苏南地区经济基础好，优秀企业较多，退出的成功案例多，收益较好，所以这类投资风险不大，管理压力较小，未来也有较为乐观的收益预期。苏中和苏北地区，由于经济基础和经济发展环境相对苏南要差一些，由各地地方政府向基金推荐项目，由基金进行直投，在具备一定的条件之后，也可以采取苏南的合作模式。

生态环保资产处置基金拟定规模为400亿元，以中国华融为主要平台和运作主体，主要运作模式有两个方面：一方面是配合江苏省供给侧改革，参与全省产能落后、污染严重企业的“关停并转迁”工作，对拟“关停”的企业进行资产重整、资产盘活，对拟“并转迁”的企业进行资产并购、资产重组；另一方面是对政府和金融机构不良资产、存量资产、呆滞资产等进行选择性收购，并以生态治理和环境保护为导向，对收购的资产进行处置。基金在江苏省各市县与当地政府、政府投资平台以及有较强市场号召力的大中型企业合作，成立专门的针对该地区的资产处置公司或基金开展具体资产收购和处置业务，合作各方利用各自的优势互相借力有效地开展业务。具体运作模式以污染、低效工业用地重整专项子基金为例，目前江苏各地污染和低效工业用地很多，涉及落后产能企业、污染产能企业、已倒闭或停产企业、濒临倒闭企业等各类不环保或低效率的企业，且这些企业当中很大一部分都有无力偿付的银行贷款，在这种情况下，生态环保资产处置基金联合各地市政府及当地大型企业共同出资发起资产处置基金，再由商业银行进行配资，基金成立后委托中国华融江苏分公司向商业银行打包收购涉及金融债权，并完成债权向土地资产转化的相关工作，再由政府对已收购土地进行重新规划或调整规划之后，对土地进行招拍出让，最终完成基金投资的退出。

生态环保设施升级基金拟定规模为300亿元，基金将根据具体项目的性质不同，可灵活采取PPP、BT、BOT等多元化合作方式，主要投资围绕生态环境治理和保护的污水处理、土壤治理、固废处理等项目。同时，积极撬动金融机构债权融资，实现与股权投资子基金的功能配合和互补，实现投贷联动、债权融资等业务，拓宽企业融资渠道。该基金主要与环保类上市公司或大中型国有企业合作，承揽江苏各市县市政和工业园区环保类设施新建、提档升级项目。由生态环保设施升级基金联合有关市、县政府出资引导，通过市场化方式，运用多种金融工具或手段，以区域环境整治项目为基础进一步撬动金融机构、产业资本等社会资本跟进投资和资本区域环境综合整治开发模式融资。

6. 山东绿色基金

2018 年 6 月，山东省举行绿色基金合作签约仪式，基金由山东发展投资集团发起设立，总规模为 100 亿元人民币，将综合运用亚洲开发银行、法国开发署、德国复兴信贷银行、绿色气候基金等国家主权贷款资金，吸引社会资本共同参与。

围绕基金管理，山东发展投资集团与同方股份有限公司开展战略合作。合作协议约定，由山东发展投资集团与同方股份旗下唯一的金融资产管理和投资平台——同方金融控股(深圳)有限公司，共同组建基金管理公司，联合社会投资人发起设立首期绿色基金，规模 17 亿元人民币，其中，有限合伙人山东发展投资集团出资 8.8 亿元，占首期出资额的 51.7%，有限合伙人同方金控以自有资金出资 2 亿元，占首期出资额的 11.8%；首期基金管理公司作为普通合伙人出资 0.17 亿元，占首期出资额的 1%。同方金控负责向投资者募集首期出资额中社会资本出资部分资金（约 6.03 亿元），占首期出资额的 35.5%。

基金设立后，将通过直接投资或设立子基金等方式开展投资，山东省绿色基金优先投资于山东省范围内的企业，原则上投资于山东省内的资金比例不低于 70%，对公司及其关联企业投资于山东省内的绿色项目，在市场化条件下优先给予重点支持。山东发展投资集团及其上级政府部门，包括山东省政府、省发改委等均可以推荐项目，但项目的选择必须市场化，项目提交基金投资委员会决策时，应经三分之二以上委员同意。基金主要投资山东清洁能源、绿色交通、绿色建筑等节能环保绿色产业和新技术、新材料等低碳领域新兴产业。

(二) 社会资本市场化投资基金——青云创投中国环境基金

中国环境基金（China Environment Fund）是 2002 年由青云创投发起成立，是国内第一只致力于清洁技术领域投资的海外系列创业投资基金，也是全球最早的清洁技术基金之一。基金投资人包括国际著名开发银行、家族办公室、世界 500 强跨国公司和主要金融机构投资人等。该基金已成功投资并退出了多个项目，为投资人带来丰厚的回报。

青云创投成立于 2000 年，是中国绿色产业股权投资领域的开创者和领先者，也是全球最早专注于该领域的股权投资机构之一。青云创投秉承“利成于益”的投资理念和财务、环境、社会“三重底线”的投资实践，致力于投资推动绿色发展的技术和商业解决方案，已投资近百家绿色科技企业，是国内影响力投资（Impact Investing）的领导者，率先将ESG（环境、社会与治理）管理与审计纳入投资决策与投后管理流程，体现了极强的社会效益和环境效益。

青云创投具有专业性和国际化能力。专业性体现在严格的项目筛选、风险控制体系，并且对受资企业给予大力帮助和支持。国际化体现在立足中国着眼全球的战略。青云创投的目标是成为一个整合全球资源的平台，成为绿色发展领域的投资者和整合者。

青云创投关注的技术领域包括：能源及资源技术（可再生能源、智能电网、储能、替代能源、节能设备等）；环境技术（空气净化、水供给净化、再循环利用、固废处理、碳捕捉与封存）；新材料技术（纳米材料、可降解材料、复合材料、柔性电子、生物合成材料）；智能技术（物联网、人工智能、大数据、3D打印、增强现实）。

青云创投关注的行业领域包括：环境与生态系统、清洁能源供应、绿色建筑和设备、可持续交通、可持续工业、可持续农业与食品、未来城市、健康医疗（图4-11）。

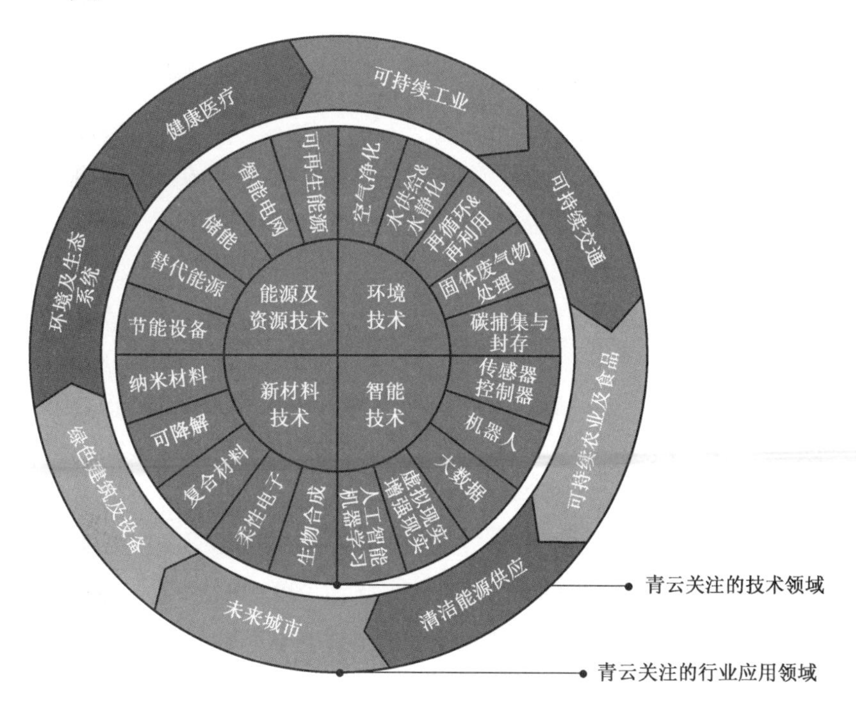

图4-11 青云创投的投资格局

资料来源：青云创投战略与研究中心《青云创投可持续技术白皮书》

基于十七年投资绿色发展的经验，青云创投认为全球绿色产业发展已进入第三个阶段。第一阶段称为环境技术，其中，政策是主要驱动力，企业则以重资产业务模式为主，扩大规模和降低成本是他们立足于行业的核心。第二阶段称为清洁技术，由技术创新驱动，这一阶段的企业以轻资产、重研发的业务模式为主，企业通过不断投入研发保持行业领先地位。第三阶段称为可持续技术，有三大特点，一是绿色理念深入到末端需求，产业开始由需求驱动，二是企业创新不仅在技术方面，也包括商业模式创新，三是这类企业善于运用智能和互联的技术提升产品和服务的竞争力。青云创投相信智能技术可以让绿色产业发展得更快，且更易被市场和消费者接受，未来也会在这个方向加大投资力度。

在环保技术领域，青云创投2002年投资了东江环保，该公司于2006年上市，发展成为中国危险废弃物处置行业规模最大的企业；投资了专注于餐厨垃圾处理和工业高浓污水零排放处理的港股上市公司创业集团、景观水域水处理设备及方案提供商拜澳泛、全球知名的太阳能光伏电站开发商中盛光电及拥有高效煤粉锅炉及减排系统核心技术的能源管理服务提供商永恒能源等多家企业。

在清洁技术领域，投资了领先的复合结构硅电极充电锂离子聚合物电池开发商新强能Enevate、世界级新能源汽车驱动电机生产商精进电动、HIT高性能太阳能电池生产商上澎太阳能（Sunpreme）、半导体散热基板与散热解决方案提供商乐健集团及固态紫外线LED应用方案的技术领导者紫岳紫外科技（RayVio）等企业。

在可持续技术领域，投资了环境保护领域中央空气处理系统提供商爱优特、高端电动汽车设计公司及核心零部件供应商Lucid Motors、和无人机行业领先的创新者亿航（EHANG）等企业。

（三）绿色公募基金——华宝绿色主题混合型证券投资基金

华宝绿色主题混合型证券投资基金成立于2018年9月4日，成立规模为3.11亿元，该基金由华宝基金管理有限公司管理，中国工商银行股份有限公司托管，截至2018年12月31日最新规模为0.41亿元。

该基金鲜明地聚焦“绿色经济”主题，明确树立了ESG的投研框架和投资策略，主投环保、新能源及新能源汽车等战略新兴产业方向。为了在投资中能够有效评估目标公司对绿色环境的影响、对环境风险的认识和控制程度以及对于环境保护所作出的贡献，基金将综合考虑各上市公司绿色收入、行业属性、污染和排放、环境负面信息等因素对初选股票池进行综合评价，优选各个行业在环境责任方面表现较为突出的公司形成绿色主题股票池。再经过绿色定性评分、绿色定量分析和自下而上基本面选股等步骤来科学、审慎地投资，力争在严格控制风险的前提下实现基金资产的长期稳健增值。该基金的股票投资比例为基金资产的60%～95%；其中，投资于绿色主题股票的比例不低于非现金基金资产的80%。

华宝绿色主题混合型证券投资基金作为一只主动型的权益类产品，可谓是华宝基金在绿色投资上的重要布局。近年来，华宝基金大力倡导绿色、可持续和责任投资，在绿色金融、ESG投资领域有较深入的探讨和前瞻性的布局，截至目前，公司已是联合国责任投资原则（UN-PRI）签署会员单位，同时也是中国绿金委第一届理事会理事单位、中国基金业协会绿色证券投资指引撰写工作小组成员。

（四）中外合作绿色基金——中美绿色基金

中美绿色基金（曾用名：中美建筑节能与绿色基金、中美建筑节能基金）是2015年9月习近平主席访美期间，由中美政商两界共同倡导，建议设立的一个政府和社会资本合作（PPP）模式的纯市场化绿色引导性基金。旨在通过中美两国在金融、绿色发展技术和商业模式上的跨境创新合作，使美国的绿色技术、产品和中国的巨大市场容量及商业化能力有机结合起来，促进中国的绿色可持续发展。

中美绿色基金提出了一套独特的商业模式——P. R. I. M. E. 模式，即在政策的指引下，以专业投资团队执行“产业+资本+技术”的投资策略，支持最优秀的管理运营团队，实现“投资·绿动中国”。其中，“政策（P）”包括中央各项政策的出台指引和地方各级政府在具体措施上的支持；“研究（R）”是指绿色技术研究院对技术的商业化进行应用研究和辅助；协助海外技术适应本地市场。“整合（I）”是指整合中美绿色技术和设备提供全面解决方案；通过跨企业的技术和商业模式整合，提升绿色水平。“资金（M）”是指中美绿色基金作为私募股权基金，为企业和项目提供成长的资本支持，并通过多种金融创新手段以降低企业融资成本。“执行（E）”则指以私募投资者的视角，选择本地可行的商业模式，资助和支持细分行业最优秀的管理团队。

中美绿色基金对于投资主题的确定主要基于以下因素：①符合中国宏观发展趋势：中国经济已由高速增长阶段转向高质量发展阶段，这种开放状态下新的发展模式将为诸多新产业的发展创造巨大的空间。②匹配投资团队行业专精：中美绿色基金高管与投资团队过去十多年来专注于与绿色低碳发展相关的技术驱动的政府服务升级、商业服务升级、消费服务升级，积累了深厚的行业知识、投资经验与广泛的行业资源。

投资领域包括绿色消费领域的商业、民用智慧节能建筑和乡村振兴、可持续农业；绿色出行领域的智慧停车、充电桩等设施和智慧物流；绿色能源领域的分布式能源、清洁热力和能源物联网；绿色制造领域的绿色供应链和水、危废、固废处理。

中美绿色基金采取多元化的投资人组合保证长期稳定的资金来源。投资者遍布全球，包括养老金，主权基金、国有企业、保险公司、捐赠基金、母基金以及家族公司等。这些机构投资者在清洁能源、节能减排、环保技术革新以及分散式发电领域都具有丰富的经验、资源以及专业知识。他们不仅是投资人，也是中美绿色基金的战略合作伙伴，为致力于投资包括绿色能源物联网、工业节能减排以及绿色智慧城市在内的特定新领域的中美绿色基金提供新的投资理念与合作方式。

中美绿色基金投资项目主要在如下领域：

1. 绿色消费领域

2017 年 1 月完成首笔投资——东方低碳。东方低碳是中国建筑节能领域内最成功、经验最丰富的建筑节能服务机构，其业务范围覆盖高端五星级酒店、三甲医院、政府大楼、城市综合体和工业洁净厂房等各类地产类型，在国内高端酒店节能领域处于市场领先地位。东方低碳在全国超过 20 个城市，与所有在华运营的国际五星酒店管理集团开展合作，成功完成了包括上海金茂大厦、北京银泰中心、上海浦东香格里拉大饭店在内的等 100 多个大型项目的综合节能投资，这些项目中大量采用了来自美国的先进技术与设施设备，整体节能率均在 20%以上。

2017 年 4 月投资好享家。好享家是中国专业的舒适智能家居集成服务商，以家庭的消费升级需求为风口，专注于室内舒适智能系统的集成化解决方案。四大主营系统，涵盖了与家庭的舒适温度、新鲜空气、健康净水、智能设备相关的产品。通过系统化方案设计、产品组合及工程施工管理等一站式服务，为用户提供舒适环境整体解决方案，致力于成为中国消费者首选的舒适智能家居服务品牌。好享家自 2009 年创立以来，已经为超过 30 万户家庭提供服务，已覆盖 16 省 90 余个核心城市，全国服务网点近 900 家，是国内舒适智能家居行业首只“独角兽”企业。在中美绿色基金的助力下，将持续坚持“以目标消费者为中心”，并通过快速连接，形成绿色、节能、环保的生态圈，共同推动国内绿色人居环境的健康快速发展。

2017 年 5 月，投资服务于蓝领工人的服务式公寓租赁公司——新起点。新起点自成立以来，交易量和收入一直以每年 200% ~ 300%的速度增长。获得中美绿色基金投资后，公司开始引进更绿色的产品和服务，包括可再生能源供应，建筑节能管理，智能系统(如节约能源的水表)，以及更舒适和更健康的生活标准。

2017 年 12 月，中美绿色基金完成对农村生态电商汇通达的投资。汇通达成立于2010年，是一家致力于服务中国农村市场的电商平台，且已成为农村电商领域首家“独角兽”。该企业通过结合现代化线上线下商业模式和帮助农村地区店主创业，截至2018年6月，网络覆盖全国19省，1.64万乡镇，累计发展并服务乡镇会员店9.2万家，带动50多万农民创业、就业，服务网络惠及7000万户农民家庭，覆盖约2.7亿人口。2017年收入235亿元。汇通达也为农村家庭式小卖铺提供分布式太阳能产品、农用皮卡电动车及升级版农产品的销售及售后服务，使更加绿色、可持续的产品和服务惠及农村地区，改善当地人民的生活质量。

2018年6月，中美绿色基金战略入股长城物业，共同探索绿色智慧社区的发展之路。长城物业创立于1987年，是中国最大的现代物业服务集团企业之一。目前，长城物业直接管理服务的业务范围已覆盖全国31个省（自治区、直辖市）的90余座城市，服务项目超过750个，物业管理面积逾1.7亿平方米，服务100多万家庭，市场化运营水平连续十多年稳居行业第一。长城物业通过技术创新和商业模式创新不断降低成本，提高管理效率，降低能耗水平和环境污染，与中美绿色基金的愿景非常契合。基金战略入股以后，双方可以更好地实现业务共生与战略协同，为物业管理行业的绿色化、智慧化转型树立标杆，为民众创造绿色、智慧、舒适和健康的宜居社区。

2. 绿色出行领域

2017年10月，与智能泊车服务提供商爱泊车建立了战略投资伙伴关系。爱泊车成立于2015年6月，是一家以“AI智慧泊车+大数据运营平台”为核心的高科技企业集团，也是全球把高位图像识别技术落地到城市智慧停车管理商用的高科技企业，为世界城市静态交通提供智慧解决方案。爱泊车构建了智慧停车技术和运营体系，研发了百余项具有自主知识产权的互联网大数据、智能硬件的核心技术及专利。目前，AIpark City已在北京、石家庄、邯郸等城市正式落地商用，有效解决了城市“停车难、停车乱”等问题，大幅提高了停车资源利用率。停车场的基础设施改造过程中融入绿色能源和节能环保技术，包括施工技术、绿色材料的采用、停车场照明优化等。大数据、云技术的应用，实现实时车位信息共享，最优路径引导，缓解停车拥堵，大幅减少尾气排放。

3. 绿色能源领域

2017年4月投资参股首创热力。首创热力是由中美绿色基金携手首创集团和弘毅投资联合打造，致力于成为全国范围的优秀热力平台公司。公司以蒸汽或热水为供热介质，在合理输送半径内以供热管道为传输载体向某一特定地区的居民和企业进行供热，团队领军人物在行业颇具声望，其团队在行业深耕多年，经验丰富；首创集团和弘毅投资也成立专门的团队辅佐公司成长。结合首创集团的政府背景和关系网，叠加团队的技术实力和运营经验，通过托管、收购和新建三种方式在全国范围内迅速扩大规模。同时通过生产设备、提供远程数据服务使平台覆盖更长的产业价值链。公司注册资本金 10 亿元人民币，目前已有供热面积 1400 万平方米，预计 2019 年供热面积达到 1 亿平方米。

2017 年 10 月，与一家分布式太阳能光伏生产商和智能泊车服务提供商建立了战略投资伙伴关系，并与某农村电子商务网络达成协议，向农村消费者销售绿色能源和农产品。2017 年 11 月，中美绿色基金和中国北京环境交易所联合发起一支低碳基金，并在雄安新区注册。

4. 绿色制造领域

2017 年 7 月，携手中国宝钢集团、WL Ross & Co. LLC 和招商金融控股有限公司，四方共同成立四源合投资管理有限公司。成立四源合钢铁产业结构调整基金，规模 400 亿～800 亿元人民币，并参与了重庆钢铁的重组。该项基金将在重组过程中聚焦绿色产能升级。

第五章

绿色证券目的、机制和案例

绿色证券是指环保主管部门和证券监管部门对拟上市企业实施环保审查、对已上市企业进行环境绩效评估并向投资者披露企业环境绩效内容，加强上市公司环境管理，调控社会募集资金的投向，发展环境友好型产业，防范环境和资本风险的一系列调控手段的总称。它是继绿色信贷、绿色保险之后的第三项环境经济政策。同时在对绿色证券市场进行研究与试点的基础上，制定了一套针对高污染、高能耗企业的证券市场环保准入审核标准和环境绩效评估方法。从整体上构建了一个包括以绿色市场准入制度、绿色增发和配股制度以及环境绩效披露制度为主要内容的绿色证券市场，从资金源头上遏制这些企业的无序扩张。

在我国目前的金融体系中，绿色信贷是最主要的绿色融资模式，而绿色证券则是最有潜力的绿色融资模式。我国绿色证券的施行意味着高耗能、高污染（“双高”企业）的传统行业，在IPO、上市或者再融资的时候都将面临着环保部门和证监会的双重监督。那些被普遍看好的业绩优良的企业也会因为环境污染问题而难以在资本市场上融资与生存，环境信息及时披露政策更会对企业在证券市场中的表现产生积极的作用，从而督促企业既要重视经济效益，又要注重环境保护，只有这样才能从根本上促进我国经济的可持续发展。

第一节　发行绿色证券的目的

绿色企业就是利用绿色技术，生产绿色产品，合理利用和节约资源的一种企业模式，它追求经济、社会和环境的可持续发展。绿色证券制度的推出，使得遵守环境法律法规、重视污染防治的公众公司能够在证券市场上获得更多的青睐，一方面能够拓宽融资渠道、提升企业形象，另一方面又可以引导投资者对证券交易作出选择，从而进一步促进明智的环境决策，进入改善风险管理、降低企业成本的良性循环轨道。

在国内，绿色证券制度是绿色金融体系的重要组成部分。建立健全绿色证券制度的必要性和紧迫性主要体现在以下几个方面：

一、适应经济绿色化的发展需要

2015 年 9 月，中共中央、国务院印发了《生态文明体制改革总体方案》，提出要“加强资本市场相关制度建设，研究设立绿色股票指数和发展相关投资产品，研究银行和企业发行绿色债券，鼓励对绿色信贷资产实行证券化。支持设立各类绿色发展基金，实行市场化运作。建立上市公司强制性环保信息披露机制，积极推动绿色金融领域各类国际合作”。鼓励绿色投资是推动我国经济发展模式向“绿色化”转型的关键。“十三五”期间资本市场建立健全较为完善的绿色证券体系是党中央、国务院的战略决策，可促使更多的社会资本投入绿色产业，积极助推“绿色化”发展总目标的实现。

二、满足绿色行业的直接融资需求，降低融资成本

据测算，“十三五”期间我国每年新增的绿色融资需求至少 2 万亿元，而政府最多只能投入 2000 多亿元来支持环保、节能、新能源等绿色产业。建立绿色证券体系，能够为绿色企业拓宽直接融资渠道，降低融资成本。一方面，可鼓励专业的绿色投资机构（例如养老基金和保险公司）投资绿色行业；另一方面，支持绿色证券产品的推出与创新，以支持清洁能源、低碳交通等绿色行业的发展，积极推进经济转型升级。

三、促进资本市场实现长期稳定发展

长期以来，我国资本市场的波动性较大，投资者多以短期投资为主，对长期投资的关注较少。美国明晟公司（MSCI）的绿色行业指数投资研究表明，绿色企业的发展具有稳定性及可持续性，其长期收益率略高于其他行业，适合长

期价值投资。目前在我国主板上市的绿色企业数量（包括环境、节能、清洁能源和清洁交通等）约为 150 家，仅占上市公司总数的 6%。建立健全绿色证券体系，有利于促进资本市场实现长期稳定发展。一是将更多的绿色环保企业引入资本市场能够降低市场的波动率，增强市场的稳定性和可持续性；二是可增强上市公司的 ESG（环境、社会及治理）信息披露，加强投资者对 ESG 信息披露的认识，促进投资者更多关注企业的长期发展；三是增加绿色指数投资产品，从而鼓励长期价值投资，减少短期投机行为。

在国外，联合国环境规划署（UNEP）的可持续金融体系项目的研究表明，资本市场与环境保护之间具有密切关系：一是上市公司在环境方面的不良表现会降低客户盈利能力，增加债务风险；二是环境事件（如原油泄露、化工厂水体污染、爆炸等）可能对资本市场产生巨大影响，在短时间内冲击上市公司的股票及其衍生品价格；三是上市公司可以通过节能降耗降低成本，增加利润。另外，资本市场的相关者（包括上市公司股东、所在地方政府和社区、客户、雇员等），还需对公司提出环境保护方面的要求。

第二节　绿色证券机制

在企业融资方面，2019 年 4 月 10 日，三峡集团发行了 200 亿元绿色可交换债，成为全市场首单绿色大公募可交换公司债券。本次可交换债券以长江电力为换股标的，期限为 5 年期，标的股票换股价格 18.8 元/股，票面利率 0.5%，创公募可交换债票面利率新低。

除了绿色股权融资渠道，深交所目前也已形成了涵盖公开发行公司债券、非公开发行公司债券、资产支持证券等品种的多样化的绿色债券融资渠道，并建立了绿色债券“专人受理、专人审核”的绿色通道。2017 年境内“贴标”绿色债券累计发行 114 只，与 2016 年相比，实现发行数量的翻倍增长；2017 年境内绿色债券累计发行规模为 2049.8 亿元，发行规模增速趋缓。绿色债券跨境发行稳步上升，我国绿色债券国际影响力持续上升。境内主体在境外发行绿色债券 10 只，发行规模 66.9 亿美元，境内主体境外发行绿色债券规模大幅提高，进一步提高我国绿色债券的国际影响力。2017 年我国境内外绿色债券发行合计共 2494.7 亿元，约占同期全球发行规模的 24.1%，成为全球第二大绿色债券发行国。

在推进社会责任信息披露方面，2006 年，深交所率先发布《上市公司社会责任指引》，引导上市公司披露社会责任信息，包括环境保护、生态文明建设等内容。2016 年，深交所有 306 家上市公司在披露年度报告的同时，发布了独立的社会责任报告或环境报告。另外，针对部分绿色环保行业的特殊性，2017年7月份，深交所专门发布了创业板光伏、节能环保服务行业信息披露指引，进一步提高了绿色上市公司信息披露的针对性和有效性。

国家环保总局副局长潘岳表示："限制污染企业过度扩张除了加大环保执法监督力度之外，还应运用成熟的市场手段，包括限制其间接融资和直接融资。实行绿色证券政策是针对限制污染企业进行直接融资，重点加大融资后环境监管，调控其对资本市场上融得的资金，真正用于有利于企业的绿色发展。"

在直接融资方面对于拟上市公司和上市公司来说，"环境保护"属于重要的核查指标之一。按照中国证监会发布的《公开发行证券公司信息披露内容与格式准则第9号——首次公开发行股票申请文件》（证监发〔2001〕36号）的要求，"发行人关于其业务及募股资金拟投资项目符合环境保护要求的说明"属于发行人为首次公开发行股票而向证监会报送的必备文件之一。企业上市的主要目的之一是广泛筹集资金，而如今国家环保部门、证券监管部门对公司上市融资和上市后的再融资等环节进行了严格限制，将直接斩断违反国家环境保护相关法律规定的污染企业的资金链条，使其不能达成融资目的。这有利于避免上市企业因环境污染问题带来的投资风险、调控社会募集资金的投资方向，从而有力地促进"绿色上市公司"的形成。

2008年2月，国家环保总局联合证监会等部门发布了《关于加强上市公司环保监管工作的指导意见》，是我国的绿色证券制度的正式建立的重要标志，并在资本市场上彰显出愈发重要的作用。经过近10年的摸索，相关监管部门已逐步推进了上市公司环保核查、上市公司信息披露和上市公司环境绩效评估三道"绿色门槛"。

绿色证券政策是调控社会募集资金投向、发展环境友好型产业、防范环境和资本风险的一系列调控政策的总称、我国绿色证券政策主要包括三项内容：一是上市公司环保核查制度，二是上市公司环境信息披露制度，三是上市公司环境绩效评估制度。这三项制度对相关行业企业从发行审核、上市后再融资以及持续性的环境信息公开披露等全过程形成了较为完善系统的监督、制约机制，能够有效遏制"双高"企业资本扩张，维护广大投资者和公众的利益，被称为拉动中国绿色证券发展的"三驾马车"。

第三节 建立绿色股价指数及IPO案例

在中国，根据关注的视角不同，绿色证券可以分为环保产业板块、可持续发展板块以及绿色环境板块。

2001年国家环保总局发布《关于做好上市公司环保情况核查工作的通知》。随后国家环保总局和中国证监会陆续发布了相关政策，做了许多有益的尝试。2008年2月28日，国家环保总局正式出台了《关于加强上市公司环保监管工作的指导意见》，标志着我国绿色证券制度的正式建立。

我国现行股票市场绿色指数根据关注视角不同，大体可分为三类，以环保产业指数为主，辅之以可持续发展指数和绿色环境指数。其中，环保产业指数为主题类指数，对于产业有明确的界定范围，可细分为新能源、环境治理等。可持续发展指数则主要聚焦于企业的外部环境、社会责任和公司治理，并对其进行评价。绿色环境指数在国内刚刚起步，包含碳效率指数及海绵城市主题指数。

截至2015年10月，中证指数公司编制的绿色环保类指数约16个，约占其编制的A股市场指数总数（约800个）的2%。截至目前，中证指数公司已成功推出19只绿色股票指数。

在绿色投资指数方面，早在2008年1月，深交所下属信息公司联合天津泰达推出国内第一只以环保为主题的股票指数——泰达环保指数，之后又相继合作推出巨潮南方报业低碳50指数、央视生态产业指数、环境科技指数及基金等产品，为倡导绿色投资理念、推动绿色经济健康发展等方面做出了积极贡献。目前信息公司还计划与中国节能环保集团合作，研究开发符合国内产业政策导向的上市公司节能环保产业分类体系，并研发相关股票指数和债券指数。

国外绿色股票指数也分为三类：一是ESG指数，包括环境、社会及公司治理指数。二是环境生态指数，包括水资源、低碳及非矿物燃料类指数。三是环保产业指数，包括污染管理、资源管理及清洁技术类指数。但国外绿色股票指数以ESG指数为主，其原因在于国外具有可靠的环境信息数据作为基础。同时，国外绿色投资者的环保意识较强，投资规模相较国内而言也更大。

目前，已有英国、加拿大、德国、新加坡、巴西、马来西亚、波兰、菲律宾、挪威等多个国家的证券交易所出台上市公司ESG信息披露的要求或指引，其中更有多家交易所制定了强制性环境信息披露制度。境外成熟资本市场推行强制信息披露的主要目的是加强企业的社会责任和综合竞争力，同时认识到资源的有效利用、风险管理和绿色金融创新对国家长期竞争战略的重要性。

2014年美国上市公司中有近百家公司提交了110份关于应对企业可持续发展挑战的股东会决议，内容包括气候变化、供应链问题和水资源相关风险等。世界各主要证券交易所积极实施企业教育计划，引进相关发展指数，并设置了可持续发展和ESG披露标准作为公司上市的先决条件。其中一些交易所将可持续报告视为企业长期盈利性的重要因素，这些交易所包括伦敦证券交易所、巴西证券期货交易所、中国香港交易所等。

一、碧水源 IPO 融资

（一）公司基本情况

北京碧水源科技股份有限公司（简称：碧水源）创建于 2001 年，注册资本 88576.8866 万元，是由归国留学人员创办于中关村国家自主创新示范区的国家首批高新技术企业、国家第三批创新型试点企业、首批中关村国家自主创新示范区创新型企业、科技奥运先进集体，致力于解决水资源短缺和水环境污染双重难题。碧水源科技业务涉及城市污水及工业废水处理和再生利用，给水、城市垃圾处理及综合利用等领域的技术与产品开发、工程设计、工程实施和设备制造。2010 年 4 月登陆深圳证券交易所创业板 A 股市场，股票代码 300070。

碧水源研发出完全拥有自主知识产权的膜生物反应器（MBR）污水资源化技术，解决了膜生物反应器三大国际技术难题：膜材料制造、膜设备制造和膜应用工艺，拥有 20 多项专利技术，填补国家多项空白，荣获国家科学技术进步奖、部级科技进步奖一等奖、首批国家自主创新产品、国家重点新产品等荣誉，成为我国膜生物反应器技术大规模应用的奠基者、污水资源化技术的开拓者和领先者，位居世界前三水平，是世界上同时拥有全套膜材料制造技术、膜组器设备制造技术和膜生物反应器水处理工艺技术与自主知识产权的少数公司之一。

（二）股票发行的基本情况（表 5-1）

表 5-1 碧水源股票发行概况

发行股票类型	人民币普通股（创业板 A 股）
发行股数	本次拟公开发行的股票数量不超过 3700 万股，按发行 3700 万股计算，占发行后总股本的 25.17%
每股面值	1.00 元
每股发行价格	69.00 元/股
发行时间	2010 年 4 月 21 日
发行方式	采用网下向询价对象配售与网上资金申购定价发行相结合的方式
发行对象	符合资格的询价对象和已开立深圳证券账户的投资者（国家法律、法规禁止认购者除外）
拟上市证券交易所	深圳证券交易所
发行后总股本	不超过 14700 万股
保荐人（主承销商）	第一创业证券有限责任公司

所募集资金总量扣除发行费用后，募集资金净额拟投入以下项目，见表 5-2。

表 5-2　碧水源拟投资项目

序　号	项目名称	项目总投资(万元)
1	膜组器扩大生产及其研发、技术服务与运营支持中心	29554.00
2	超/微滤膜系列产品生产线	27059.00
3	其他与主营业务相关的营运资金项目	

2010 年 4 月 21 日碧水源（300070）登录创业板 A 股市场，将同时上市的其他 4 只新股远远甩在身后。截至 2016 年 6 月 30 日，A 股市场共有 2881 家上市公司，根据中商产业研究院大数据库行业划分，环保行业上市公司共有 29 家，碧水源以 461.83 亿元市值排名环保上市公司市值第一。

二、格林美 IPO 融资

(一) 公司基本情况

格林美（GEM）全称是格林美股份有限公司，于 2001 年 12 月 28 日在深圳注册成立，2010 年 1 月登陆深圳证券交易所中小企业板，股票代码 002340，总部设在深圳。公司的主营业务是回收利用废旧电池、电子废弃物等废弃资源循环再造高技术产品，是中国对电子废弃物、废旧电池进行经济化、规模化循环利用的领先企业之一。2003 年，格林美提出“开采城市矿山”思想以及“资源有限、循环无限”的产业理念，积极探索“城市矿山”的开采模式，致力于废旧电池、电子废弃物、报废汽车与钴镍钨稀有金属废弃物等“城市矿产”资源的循环利用与循环再造产品的研究与产业化。

格林美挑战无限“城市矿山”的资源模式，创立中国废旧电池及电子废弃物回收模式。2007 年以来，格林美发动了中国废旧电池与电子废弃物“集中收集、阳光交易”的回收活动。格林美通过与武汉等地政府合作，以设立回收箱与回收超市相结合的形式来回收废旧电池与电子废弃物，在武汉、深圳等 20 多个城市建设了 15000 余个废旧电池回收箱，在湖北、江西等多个城市建设了 100 多个电子废弃物回收超市，覆盖 1000 万人群和 10 万平方公里。首次大规模、大范围地对中国废旧电池、电子废弃物进行集中分类、规范收集，成为跨地区、多层次的城市矿山资源的社会开采体系。月回收废旧电池与小型电子废弃物达到 5000 吨以上，成为中国“城市矿山”资源开采与利用的示范模式。公司在武汉城市圈、江西南昌铺设的100多个电子废弃物回收超市及在湖北武汉、荆门两地三店同时开业的3R循环消费社区连锁超市的成功运行，开启了中国电子废弃物由分散无序、游击队式的原始回收方式向定点集中、定价回收的文明回收方式的先河。标志着中国电子废弃物阳光交易、规范收集、绿色处理模式的开始，也标志着中国“城市矿山”资源开采试验的实际运行，被誉为中国电子废弃物回收利用的“格林美模式”，成为中国两型社会建设的新亮点，在全国产生了广泛影响。

(二) 股票发行的基本情况(表5-3)

本次发行募集资金用途为“二次钴镍资源的循环利用及相关钴镍高技术产品”项目，项目总投资27250万元。

表5-3 格林美股票发行概况

发行股票类型	人民币普通股(中小企业板A股)
发行股数	2333万股(占本次发行后公司总股本的25%)
每股面值	1.00元
每股发行价格	32.00元/股
发行日期	2010年1月11日
发行方式	采用网下向询价对象配售和网上向社会公众投资者定价发行相结合的方式
发行对象	①网下发行对象：符合中国证券监督管理委员会(以下简称“中国证监会”)《证券发行承销与管理办法》(中国证监会令〔2006〕第37号)规定条件的投资者；②网上发行对象：符合有关规定条件的二级市场投资者；③法律未禁止的其他投资者
拟上市证券交易所	深圳证券交易所
预计募集资金总额	74656万元
预计募集资金净额	70306.32万元
保荐人(主承销商)	

据测算，本次募集资金投资项目建成后，每年新增回收各种含镍、钴废弃物近2万余吨（其中处理废旧电池近5000吨），大约回收处理重金属3000吨，将避免30亿立方米水源免遭污染，或者使220平方公里土壤免遭污染，减排温室气体4700余吨，节能1万余吨标准煤，循环利用废水80万立方米，为环境保护做出了巨大贡献；同时，公司将致力建立遍布全国的废旧电池会社体系，收集社会废弃的废旧电池，解决废旧电池对城市的环境污染，传播环境保护理念，承担社会环境责任。

三、蒙草生态IPO融资

（一）公司基本情况

蒙草生态环境（集团）股份有限公司前身为成立于2001年的呼和浩特市和信园绿化有限公司，2010年9月15日整体变更为股份有限公司，注册资本为10261.7万元。该公司核心业务包括通过驯化乡土植物进行本土生态环境修复，基于“干旱半干旱地区的草坪、草地、草原”的土壤、种质资源研究及生态产业大数据平台支持，集植物科研、技术服务输出、种苗草种生产加工销售为一体，提供不同区域生态修复用种、乡土植物种苗、牧草草种及科技服务输出，支持“生态修复、生态牧场、现代草业”的发展。依托“生态修复和种业科技”的核心技术，致力于成为“中国牧草专业供应商”，打造“草原修复—种植/收购/进口—加工—仓储—物流—交易”全产业链运作体系，进行优质天然牧草、人工牧草的规模化生产经营。细分马草、羊草、牛草等草产品品类，创新“牧草银行”模式，建设运营口岸，保障草产品未定供给和品质安全。该公司拥有的三大核心技术包括野生植物驯化育种技术、节水抗旱园林绿化技术、生态修复集成技术。

（二）股票发行的基本情况(表5-4)

表5-4　蒙草生态股票发行概况

发行股票类型	人民币普通股(创业板A)
发行股数	3436万股,占发行后总股本的25.08%
每股面值	1.00元
发行市盈率	20.34倍(发行价格除以每股收益,每股收益按2012年6月30日前12个月经审阅的扣除非经常性损益前后孰低的归属于母公司所有者的净利润除以本次发行后总股本计算)
发行前每股净资产	3.57元/股(按2012年6月30日经审计的归属于母公司所有者权益除以本次发行前总股本计算)
发行后每股净资产	5.41元(按截至2012年6月30日经审计的归属于母公司所有者权益与本次募集资金净额之和除以本次发行后总股本计算)
发行市净率	2.18倍(按每股发行价格除以发行后每股净资产计算)
发行日期	2012年9月27日
发行方式	采用网下向询价对象配售和网上向社会公众投资者定价发行相结合的方式
发行对象	符合资格的询价对象和符合《创业板市场投资者适当性管理暂行规定》条件的在深圳证券交易所开户的境内自然人、法人等投资者(国家法律、法规禁止购买者除外)

（续）

承销方式	余额包销
拟上市证券交易所	深圳证券交易所
每股发行价格	11.8 元/股
预计募集资金总额	40544.80 万元
预计募集资金净额	37358.46 万元
保荐人(主承销商)	东海证券有限责任公司

(三) 募集资金主要用途(表 5-5)

表 5-5 蒙草生态募集资金主要用途

序 号	项目名称	项目总投资(万元)
1	节水抗旱植物生产基地项目	13669.11
2	补充工程营运资金	12000.00
3	其他与主营业务相关的营运资金项目	

四、浙江省伟明环保股份有限公司

(一) 公司基本情况

伟明环保是 2005 年 10 月 17 日发起设立的股份有限公司，以城市生活垃圾焚烧发电为主业，业务覆盖核心技术研发、关键设备研制、项目投资、建设、运营等全产业链，具备一体化运作优势。伟明环保具有《环境污染治理设施运营资质证书》资质，是我国规模最大的全产业链一体化城市生活垃圾焚烧发电服务商之一。

截至本招股说明书签署日，公司拥有 10 个 BOT 运营项目；1 个 BOT 在建项目；3 个 BOT 筹建项目；完成设并负责运营琼海项目。公司运营项目的日处理垃圾能力为 8260 吨/日，在建项目的设计处理垃圾能力为 600 吨/日，项目全部投产后公司筹建项目的设计处理能力为 2550 吨/日，上述项目全部投产后公司将拥有设计处理垃圾能力合计为 11410 吨/日，发电装机总容量为 21.05 万千瓦。

（二）公司已运营项目的市场份额情况（表 5-6）

表 5-6 伟明环保已运营项目的市场份额情况

项目名称	2013 年	2012 年	2011 年
公司垃圾焚烧处理量（万吨）	259.12	202.52	160.30
全国垃圾焚烧处理量（万吨）	4931.44	3876.46	2801.83
全国市场份额（%）	5.25	5.22	5.72

公司主要以 BOT 模式、项目建设服务模式从事城市生活垃圾焚烧发电业务。其中，BOT 模式（建设-经营-移交）是指政府授予企业特定范围、一定期限内的独占特许经营权，许可其投资、建设、运营城市生活垃圾焚烧发电项目并获得垃圾处置费及发电收入，在特许经营权期限到期时，项目资产无偿移交给政府；项目建设服务模式是指政府负责项目投资，由政府授权企业统筹负责项目的设计、设备采购、供应和安装、建筑施工、调试与试运行以及竣工验收等工作，政府按建设进度拨付工程款项。

从投资回报角度看，BOT 模式下，公司需要投入大笔资金完成项目建设，并通过 25～30 年的特许经营获得垃圾处置费和发电收入，该模式的毛利率较高，但经营周期长；项目建设服务模式中，公司负责项目建设，根据建设进度获得工程款项，该模式的毛利率较低，但经营周期短。公司通常会根据地方政府需求，并综合考虑项目具体的投入回报情况和公司的财务状况等因素，选择合适的业务模式。

公司在项目投资、建设和运营等业务环节的具体服务情况如下：

1. 项目投资

在项目投资环节，公司向地方政府提供垃圾焚烧发电项目的全套技术和经济方案，包括技术路线、处理规模、厂区设计、建设方案、垃圾处置费、特许经营期限等，地方政府通过招投标、招商或竞争性谈判等方式，综合考虑项目报价、技术方案、投资商资本规模和经营业绩等各种因素，选定最合适的投资商。公司拥有丰富的项目实践经验、成熟的自主焚烧及环保技术，能够自行研制关键设备，以较低的投资成本实现项目的可靠运行，在项目投资环节具有显著优势。

公司获得项目特许经营权后，负责建设资金的筹集。通常公司 BOT 项目的自有资金投资占比 20%～40%，其余资金通过银行项目贷款方式获得。

2. 项目建设

城市生活垃圾焚烧发电项目建设环节主要包括项目设计、工程施工、设备制造、采购及安装、项目调试、试生产及竣工验收等内容。公司具有全产业链一体化的运作优势，在项目建设的主要业务环节积累了丰富的知识和经验，与具备专业资质的工程设计院、设备材料供应商、工程建设服务商等单位建立了良好的长期合作关系，能提供高效的项目建设服务，并可合理安排建设工期，提高项目建设速度。

3. 项目运营

公司依据与政府签订的特许经营合同及各项协议，负责项目的运营、维修及维护，并获得垃圾处置费和发电收入。城市生活垃圾焚烧发电 BOT 项目约定的运营期限一般为 25～30 年。在项目运营期间，当国家环保政策、产业政策调整、物价指数、上网电价等变化使公司的生产成本和收入发生变化时，可按照 BOT 协议约定对垃圾处置费作相应调整；项目运营产生的上网电力由电力部门全额收购，并按照相关规定给予电价补贴。

特许经营权到期后，公司将项目正常运行的固定资产及配套资产全部无偿移交给政府。由于城市生活垃圾焚烧发电项目运营需要专业技术和管理经验，因此 BOT 协议一般会约定在协商一致的情况下，由政府决定是否许可公司继续运营该等项目。

(三) 股票发行情况(表 5-7)

公司向社会公众公开发行 4580 万股每股面值人民币 1.00 元的 A 股，全部为公司公开发行新股。制定《募集资金管理办法》，实行募集资金专项存储制度，公司募集资金存放于董事会决定的专户集中管理，做到专款专用。本次发行的募集资金将在扣除发行费用后，按轻重缓急投资于以下项目(表 5-8)。

表 5-7 伟明环保股票发行情况

股票种类	人民币普通(A 股)
每股面值	1.00 元
公开发行数量	4580 万股，占本次发行后总的 10.09%，全部为公司开发行新股
每股发行价格	11.27 元/股
发行方式	采用网下向投资者询价配售与上按市值申购定发行相结合的方式进行
发行对象	符合资格的网下投资者和法律规定在上海证券交易所开户的境内自然人、法人和其他投资机构等投资者(国家法律、法规禁止购买除外)

表 5-8 伟明环保募集资金主要用途

序号	项目名称	投资总额(万元)	使用募集资金投资金额(万元)	政府投资备案批文和环评审查批文	实施主体	建设期
1	瑞安生活垃圾焚烧发电项目	31641.40	20000.00	浙江省发改委《关于瑞安市垃圾焚烧发电厂项目初步设计的批复》(浙发改设计〔2009〕132 号) 浙江省环保厅《关于瑞安市城市垃圾焚烧发电工程环境影响报告书审查意见的函》(浙环建〔2009〕36 号)	瑞安公司	2 年

（续）

序号	项目名称	投资总额（万元）	使用募集资金投资金额（万元）	政府投资备案批文和环评审查批文	实施主体	建设期
2	永康生活垃圾焚烧发电项目	25082.56	8000.00	浙江省发改委《关于永康市垃圾焚烧发电厂项目初步设计的批复》（浙发改设计〔2010〕34 号） 浙江省环保厅《关于永康市垃圾焚烧发电厂项目环境影响报告书审查意见的函》（浙环建〔2009〕104 号）	永康公司	2 年
3	垃圾焚烧发电技术研究开发中心项目	10097.00	5147.32	温州市经济和信息化委员会对于垃圾焚烧发电技术研究开发中心项目准予备案的《浙江省企业投资项目通知书》（温经贸投资备案〔2012〕1 号） 温州市环境保护局《关于伟明环保垃圾焚烧发电技术研究开发中心项目环境影响报告表》（温环建〔2012〕009 号） 温州市经济和信息化委员会对于垃圾焚烧发电技术研究开发中心项目准予延期的《浙江省企业投资项目备案通知书》（温经贸投资延期〔2014〕1 号）	伟明环保	1.5 年

第六章

绿色保险的问题、经验及设想

绿色保险又称环境责任保险，不同国家对其称呼也不尽相同，如英国称之为环境责任损害保险和属地清除责任保险，在美国称为环境污染法律责任保险。尽管各国定义不尽相同，但其核心定义均表明，绿色保险是以被保险人因玷污或污染水、土地、空气和海洋等环境资源，依法应承担的赔偿责任为标的的保险。形式上各有差异，但其实质是为了实现可持续发展而推行的一种衍生工具，以期有效应对一系列人为的自然灾害和环境破坏。

第一节　环境污染责任险发展面临的问题

一、环境污染责任险发展面临的问题

自21世纪以来，环境污染事故发生率在我国已长期处于较高水平，由于环境污染事故，每年会对我国的经济直接造成高达1000多亿元的损失。更由于缺乏事故善后处理机制，引起污染事故的企业不愿对应当承担的赔偿责任和修复环境责任负责，环境污染事故的受害者也就不能及时得到补偿甚至不一定得到补偿，即使通过民事诉讼或者行政诉讼等手段，受害者还要背负沉重的诉讼成本，解决过程繁琐的索赔困难，也就诞生了诸多社会矛盾。因此，为有效防止此类企业通过损害环境利用自然资源违法获利，有效的环境污染强制保险制度便应运而生。

然而我国环境污染责任保险制度起步较晚，同时也存在诸多阻力。比如在20世纪90年代初，环保部门联合保险公司推出了环境污染责任保险。此保险

最先在辽宁、沈阳、大连、长春等地进行试点。由于保险的范围和规模都比较小，只有几个到十几个企业投保，整体的投保趋势也处于下降状态，因此无法运用数理统计的方法对运行状况进行分析，最终处于停滞状态，使得我国环境污染责任保险未能获得一个良好的开端。

2008年，《关于环境污染责任保险工作的指导意见》发布，代表着新一轮的环境污染责任保险制度在新试点展开，环保问题再一次受到了社会的关注。

第二次试点主要目标是危险化学品行业，包括生产、运输、经营危险化学品的企业，特别是近年来发生过重大污染事故的企业，此类企业更容易发生石化污染和危险废物处置不当事故。

此次试点把日常生产、储存、运输、经营过程涉及高危化学品的企业列入试点范围，尤其是在近几年时间内发生过严重污染事故的行业或企业（以石油化工和危险废弃物处理企业发生概率最为显著），有了一定的成效。

从实际检验成果来看，环境责任保险制度实际上已经经历了从试验到推广阶段的发展，这样的认识是基于全国首例案件——湖南株洲昊华公司购买了环境责任保险而获赔受到了全社会的广泛关注，让企业和人民了解到了环境责任保险给予的服务与保障。

然而与上述实际对立的是，环境责任保险向市场的普及情况不得不让我们为之感到一丝忧虑。因为当前的试点所采用的都是自愿投保的责任保险制度，在这种并非强制的模式下，很少有高污染高风险企业能够做到主动地积极投保，截至2009年10月，投保的企业数量屈指可数。然而在实际的市场环境中，一大块的份额都被这一类的企业所占据。就在上海范围内，目前已经有2800家企业单位的经营活动与危险化学品有关系，有200家企业单位的生产经营与放射性物质有关联，此外还有1000座存放危险品的码头坐落在黄浦江上游受保护的水域。进入21世纪后的十年间，类似的高污染企业一共造成了一百多起环境事故，并且事故的数量还在逐年增长，因此，由于环境污染事故所引发的社会问题和矛盾也逐年频发。由此可见，我国的自然环境面临着很大的风险，高污染企业的长期存在为风险的触发埋下了隐患。要想在防止环境受损和挽救环境危机方面有实质性的进展，就必须要求从事高污染高风险生产活动的企业参与到环境责任保险中来。

上述现实与理想的差距，便是我们正本溯源寻求解决方法的关键问题。存在的问题可以归结为以下四点。

首先，法律体系不完善。我国法律规定的民事赔偿制度还存在缺陷，虽然已经出台《民法通则》和《环境保护法》，但其中也并未针对环境污染事故的赔偿问题制定详细的规定。《民事诉讼法》也是如此，不能提供专门具体的司法程序给予受害者行之有效的司法保障。所以即使发生了某些环境污染事故，相关涉事企业却因为没有法律的限制，所以不会得到相应的惩罚。而且除了在海洋石油勘探和漏油污染损害等范围有赔偿之外，目前我国还没有对环境责任保险制度的明确规定，仅仅依靠环保部门的督查和通知，难以实现长期有效的规范机制。

第二，企业缺乏投保意识。经济学的基本观点认为，企业的目标是追求经济利润最大化，以经济效益来衡量企业发展的标准。因此企业在同样实现收益最大化的约束条件下，会尽最大可能地去降低成本。环境污染责任保险这种明确增加经营成本，但不一定能获得收益，即使赔付也不一定能覆盖损失的金融产品，企业确实很难有积极性主动参与。另一方面，回顾已经发生的环境污染事故中，弥补污染造成的环境破坏大部分都由国家承担，企业就抱有侥幸心理，认为即使发生了环境污染事故，自己也最多只会承担一小部分的社会责任，所以就没有投保的必要，还省下了一笔保费。

第三，政府认知不充分。虽然在国家环保总局和保监会的共同推动下，环境污染责任保险制度在地方上的推行有了一定进展，但由于对地方的环境污染程度和环境污染责任险的了解不够，往往忽略了环保工作的重视程度，地方的支持力度也存在差异。部分地方政府在衡量环境保护和经济增长方面，往往更看重财政收入的数据，而忽略了自然环境的保护。为了获得更多的税务收入和经济产值的增长，即使企业发生了污染事故，对其处罚也会从轻或忽视。政府缺乏对地方环境的重视和保护，企业对环境污染责任险的认识和需求也就无从谈起。

第四，险种制度设计存在缺陷。在目前的试点地区试行开发的环境责任保险险种较少，留给企业选择的余地并不多，况且环境污染责任险采用的是自愿投保模式，高污染企业就以此为借口巧妙地规避环境污染责任。这种投保的高度自主性，反而成为推行环境责任保险制度最大的阻力。

二、环境污染责任险在防范和转移环境风险方面的功能分析

环境污染责任保险又名绿色保险，这是因为其相对应的保险标的是由于被保险人发生环境污染事故而需承担一定的事故赔偿责任和污染治理责任而得名。绿色保险的运行程序同普通的保险并无太大区别，其要求投保人向保险公司交纳在保单上所约定的一定金额的保费，如果在投保期间内没有发生污染事故，则保费由保险公司收取；如果发生了环境污染事故，则投保人本来所需承担的赔偿和清理责任，就会转嫁到保险公司身上。目前世界上绝大多数发达国家使用和推广绿色保险已经成为常态，其他国家的案例证明了其确实是污染事

故高风险企业突发意外之后能有效挽回受害人损失的重要措施。

所以，2008 年 2 月 18 日国家环保总局和中国保险监督管理委员会联合制定并公布了《关于环境污染责任保险工作的指导意见》，计划于“十一五”期间初步建立环境污染责任保险制度，在重点行业和区域开展环境污染责任保险的试点示范工作，初步建立重点行业基于环境风险程度投保企业或设施目录以及污染损害赔偿标准；到 2015 年，在全国范围内推广和完善环境污染责任保险制度，基本健全风险评估、损失评估、责任认定、事故处理、资金赔付等各项机制。

环境污染事故的种类形形色色，大大小小的事故每天都在发生。但每一起事故，诸如有毒有害气体泄漏事故、易燃易爆化学品爆炸事故、船舶漏油事故等，一旦发生必然造成巨额的经济损失。由于当前严格实施环境污染责任归责原则，逃避责任免于赔偿似乎变得不太可能，越来越多的污染企业被“缉拿归案”承担相应的赔偿责任。而污染事故蔓延导致的赔偿金额则显得愈发庞大，天文数字般的金额让相关责任企业难以承担，只能承担部分赔偿事宜，受害者也就得不到足够的赔偿。空缺的赔偿金额自然而然地就落到了政府的肩上。这种情况下，政府也只能为污染责任企业买单，之后政府仍需对涉事企业做整治处理。这样的结局对事故相关三方都不利，违背了公共经济学的基本原则。所以强制性绿色保险的坚决实施有利于受害人取得足额的赔付，同时也替代了财政支出，减轻了政府的收支平衡压力，还可以把企业从破产的边缘挽救回来。但由于我国保险市场发展初期的遗留问题和人们主动通过运用保险防范企业风险的意识淡薄，最终造成环境污染责任险在我国试行并未成功。因此，环境污染责任保险采用强制性的模式具有重要意义。

首先，利于维护受害者权益。从 20 世纪末开始，我国环境污染事故频发，造成的损失不计其数。据历史数据统计，我国在 20 世纪前后发生的环境污染事故数量呈指数形态增长，短短两年就翻了一番。2008 年环保部直接受理处置的突发事故达到 135 起，其中包括 12 起重大事故，31 起较大事故以及 5 起安全生产事故，同比增速超过 22%。在已统计的环境污染事故中，突发性事故的占比较高，如果再把慢性污染事故统计在内，则环境污染必然演变成环境事故。在上述污染责任事故中，行为责任人本身的赔付能力较为薄弱，使得赔付意愿更低。

另外，在环境侵权事故中，风险行为人的赔付能力和赔偿意愿较低。如 2004 年四川川化集团造成的四川沱江特大污染事故，直接经济损失高达 2 亿多元，而司法部门最后决定和实现的污染损害赔偿不足 2000 万元，远远低于直接经济损失，使得受害人在遭遇损害后，获得的赔偿很少甚至得不到赔偿。因此必须寻求解决方法，而强制性环境保险具有必然性。再有，容易发生环境污染事故的企业主要是石油、化工、建材、造纸、冶金等行业，这些行业在我国各部门行业中的生产总值比重大，发展快、效益好，从社会中获得了大量的社会财富，也应当承担主要环境责任。这些行业应引起环保部门的重视，从保护社会公共利益和受害人角度出发，更需要对这些行业的企业实行强制性环境责任保险制度。

环境污染事故的受害人如果向加害人提出请求，既要面对冗长的诉讼程序又要面对因为加害人可能丧失赔偿能力而不能获得赔偿的危险。即使受害人在环境民事诉讼中胜诉，确定了损害赔偿责任，但往往因赔偿金额巨大，污染制造者无力承担或故意逃避应承担的赔偿责任，使受害人的合法利益无法得到保障。如果直接请求保险人承担赔偿责任，受害人受到的损害将及时得到补偿。

环境责任保险制度的兴起与公民的环境意识和保障意识密切相关。只有公民对自身的环境权益和法规权利有充分认识、对保险产品的功能和作用充分了解的情况下，环境责任保险制度才能建立起来，并取得长足发展。长期以来，我国公众的法律意识淡薄，环境保护法律法规作为较新的法律法规，了解的人更少。再加上我国保险行业起步较晚，经营管理和服务水平有限，公众对保险防范风险的意识也比较淡薄，投保比例和保险限额比较低，保险行业在社会风险管理制度中发挥的作用相当有限。2008 年，我国四川发生的汶川大地震，保险行业的捐款数额却比支付赔偿数额要多的事例就证明了公众的保险意识较弱。环保理念和保险意识薄弱使得采取自愿保险模式的环境责任险存在诸多缺陷。

第二节 各国绿色保险制度概况

一、美国的绿色保险制度

(1)企业污染环境被视为环境侵权，对这种侵权给予严厉惩罚是美国司法体制中比较有特色的一项制度，法院往往判给受害人远超过其实际财产损失的赔偿，防止因处罚力度不够而使某些财大气粗的污染企业宁可接受罚款也不治理的现象发生。

(2)美国的绿色保险制度主要分为两类，即环境损害责任保险和自有场地治理责任保险。前者以约定的限额承担被保险人因其污染环境造成邻近土地上的任何第三者的人身损害或财产损失而发生的赔偿责任；后者以约定的限额为基础承担被保险人因其污染自有或使用的场地而依法支出的治理费用。同时为保障保险人利益，促使被保险人积极保护环境，保险人一般将恶意的污染视为除外责任，并对保单保障范围做出严格规定。环境责任保险保单一般还将被保险人自己所有或者照管的财产因为环境污染而遭受的损失作为除外责任。

(3)主要采取两项措施确保环境污染责任保险落实，即针对有害物质和废弃物的处理所可能引发的损害赔偿责任实行强制保险制度；明确环境污染责任保险的承保机构，成立专业的环境污染风险的保险公司——环境保护保险公司。

(4)将环境污染责任保险作为工程保险的一部分，无论承包商、分包商还是咨询设计商，如果在涉及该险种的情况下没有投保，则不能取得工程合同。

二、德国的绿色保险制度

(1)德国环境污染责任保险是采取强制责任保险与财务保证或担保相结合的制度。《环境责任法》规定了存在重大环境责任风险的“特定设施”的所有人必须采取一定的预先保障义务所履行的预防措施，包括与保险公司签订损害赔偿责任保险合同，或由州、联邦政府、金融机构提供财务保证或担保。如有违反，主管机关可以全部或部分禁止该设施的运行，设施所有人还可能被处以有期徒刑或罚金。由于法律作出了强制性的规定，所以环境责任保险实质上就成了特定设施的企业法定强制性义务。

(2)《环境责任法》规定企业对环境污染负有推定责任（严格责任无即企业无法证明自身没有责任）就必须承担责任。企业有义务对其环境风险采取必要的预防措施，即购买保险、提供政府担保或银行担保。但在实际运作中几乎没有企业能采取后两种方式，德国企业不论公营私营均采用购买保险的方式满足法律要求。

(3)德国保险公司的赔偿范围只包括企业生产经营的意外事故导致的责任，且被害人必须索赔。对于漠视环境保护的企业即使投保也无法得到经济补偿。

三、法国的绿色保险制度

法国以任意责任保险为原则，在法律有特别规定的情况下实行强制责任保险。

(1)法国采取柔性渐进方式，以自愿保险为主，强制保险为辅。在一般情况下，由企业自愿决定是否就环境责任投保，法律规定必须投保的则应依法投保。

(2)法国环境责任保险采用两种方法限定承保责任范围：一种是列举法，即列举出属于保障范围的风险；另一种是排除法，只保障除了明确列举出的风险以外的所有民事责任风险。

(3) 1977 年，由外国保险公司和法国保险公司组成的污染再保险联盟（GARPOL），制定了污染特别保险单，将承保的范围由偶然性、突发性的污染损害事故扩展到因单独、反复性或继续性事故所造成的环境损害。保险人可以借鉴英国 1974 年提出的环境损害责任保险单，对累积、继续、协同、潜伏性的环境污染事故予以承保。

四、日本的绿色保险制度

日本推进环境污染赔偿责任保险至今已十余年。日本的环境污染赔偿责任保险不属于强制险，企业可根据自身经营之中发生环境污染事故风险的高低自行决定是否有参保的必要。

(1) 在日本，环境污染赔偿责任保险不是企业想投保就能投保的，由保险公司根据企业的环境管理水平决定。如果企业自己的环境管理一塌糊涂，寄希望于事故发生后由保险公司赔付，这样的企业将没有资格参加环境污染赔偿责任保险。只有企业按要求整改，使自身的环境管理水平达到一定的标准，才能参保。目的在于促进企业采取措施，避免环境污染事故的发生。

(2) 环境污染事故发生后，被保险者因支付净化的费用，赔偿第三方催患公害病所需治疗费、误工损失和慰问金等带来的损失，及被保险者应对诉讼产生的费用等损失，都属于保险赔付范畴。

(3) 保费方面，即使面对同一个被保险者，各家保险公司开出的保费都有所不同，保费的计算方法是公司的商业秘密，不便透露。申请加入环境污染责任保险的法人所处的行业整体发生环境污染的风险较高，保险公司收取的保费也相应偏高。双方签约时商定的理赔最高额度越高，保险费就越高。

(4) 目前科研机构、农业和化工企业这些经常和化学物质打交道的机构和公司，以及担心交易的土地可能受污染的不动产商是这一保险的主要客户。

五、印度的绿色保险制度

印度环境污染责任保险制度源起于 1984 年美国联合碳化物公司设在印度分支机构发生重大有毒物质泄漏事故。为保障受害者及其家属补偿的需要，事后印度制定了专门的环境责任保险法规，开始推行环境污染责任强制保险。1991年1月22日印度议会通过了《公共责任保险法》。

(1) 印度的环境责任保险，根据责任人是国有还是非国有，实行两种机制，即普通商务公司实行商业强制保险，企业在从事经营活动之前必须与保险公司签订保险合同并出示保险单；政府和国有公司实行保险基金制度，可以不必购买商业保险，而是通过向印度国家银行或者任何国有化后的银行存入一笔公共责任保险金，组成全国性的“环境救济基金”。

(2) 关于环境污染责任保险的适用范围，印度环境部于1992年3月24日公布了《适用公共责任保险法的化学物质名录和数量限值》，其中具体列举了5大类182种“危险物质”的种类和各自数量限值。对超过该数量限值的危险化学物质，商务公司必须购买商业责任保险，国有公司和政府必须缴纳公共责任保险金。

六、英国的环境责任保险制度

在英国，没有关于公司需要投保第三者责任保险的要求，其他组织对于是否投保同样拥有他们的选择权。因此，英国关于环境责任的模式一般是任意的方式。但由于环境责任纠纷往往牵涉数额巨大、原告众多、诉求复杂，有关商业生产等活动所可能牵涉到的环境问题以及雇主责任等是否应强制投保环境责任保险，开始出现争论。

英国创造的舒坡尔基金是英国部分强制责任保险模式的一个体现。通过要求每位承保环境责任保险的保险人每年拿出部分资金建立舒坡尔基金的方式，英国实现了任意保险和强制保险的完美结合。通过舒坡尔基金的建立，为保险人建立了巨灾风险后备资金储备库，使保险人在遭遇标的数额巨大、索赔人员众多的大型保险案件时能处变不惊，有充足的资金应诉。同样也使众多受害人及时有效地得到赔偿，使被保险人得以继续正常经营。可以看出，英国的环境责任保险是一种任意和强制的结合。

英国法律要求被保险人投保的环境责任保险有油污损害责任保险、核反应堆事故责任保险等。1965年英国发布的《核装置法》规定，安装者负责最低500万英镑的核责任保险，通过保险人聚集的资金予以安排；1969年《国际油污损害民事责任公约》第7条第1款规定：在缔约国登记载运2千吨以上散装货油的船舶所有人必须进行保险或取得其他财务保证，这为国际油污损害环境责任保险的发展提供了契机；1970年英国政府宣布实验性飞机造成的声震必须给予赔偿，因而声震保险业务在英国展开，承保因声震等噪音污染而造成的损害赔偿责任。

在20世纪90年代早期，英国保险人联合会（ABI）通过公开一个推荐的污染除外条款对保单修改进行协调，并设立了赔付的最高限额。1995年《商船法》授权英国政府实施1973/1978年《防止船舶污染的国际公约》、1973年《国际干预公约议定书》以及1990年《国际油污准备、反应、合作公约》和1982年《海洋法公约》有关污染责任的赔偿，同一成文法如今赋予了1992年《油污民事责任的国际公约》和1992年《基金公约》有关污染责任的赔偿条款，已在英国生效。除了1992年《油污民事责任公约》之外，其他船舶油污亦包括在内，利润损失的有限补偿亦成为可能。1985年《食物和环境保护法》使关于海洋倾倒的1972年《伦敦公约》生效，1995年《航运法》（1997年修订）使1996年《危险和有毒物质的国际公约》在英国生效。

第三节 对构建我国绿色保险制度的基本设想

从我国推行环境污染责任保险试点的情况看，当前面临的主要困难和问题，一方面是企业投保的意愿还不强，目前我国环境污染责任保险费率比较高，而中小企业对保费比较敏感，对污染事故的发生抱有侥幸心理，而大型的化工企业由于自身的财力而不愿意投保；另一方面保险公司承保也有一定的难度，承担环境污染保险的赔偿金额很大，承保的范围又比较窄，风险明显高于其他商业保险。

一、依法建立强制性保险为主、任意性保险为辅的绿色保险制度

基于我国目前环保意识普遍淡薄的现状，推行绿色保险制度，法律依据尤为重要，应首先解决立法保障问题。建议国家进一步确定环境污染责任保险的法律地位，在国家和各省份环保法律法规中增加“环境污染责任保险”条款，并在条件成熟时适时出台“环境责任保险”专门行政法规、部门规章，细化有关责任事故认定、损失评估标准、保险保障范围、操作流程等具体内容。可借鉴美国和瑞典的立法模式，实行强制责任保险为主、任意责任保险为辅的制度。在产生环境污染和危害最严重的行业实行强制责任保险如石油、化工、采矿、水泥、造纸、核燃料生产、有毒危险废弃物的处理等行业。同时根据环保

部门确定的投保企业的污染危险等级（指数），分别适用不同的保险费率，并扩大责任保险范围。

二、逐步扩大承保范围，适时开发新险种

在确定环境污染责任保险范围时，应综合考虑受害者、保险人、被保险人的利益，通过环境污染责任保险的实施，真正达到“分担风险、保护受害者、维护社会和国家利益”的目的。如果范围过窄，对投保企业的环境风险转移得太少，赔付率低，企业就没有积极性投保环境污染责任保险。从国外的实践看，虽然保险责任范围有扩大趋势。从目前的现状看，我国绿色保险所涉及的主要是对船舶、石油钻井等造成的污染事件所产生的责任保险，不仅内容单一，且限制性条款较多，对于噪音污染、水污染、辐射污染等缺乏规定。鉴于我国环境污染责任保险仍处于起步阶段，保险责任的范围不宜过宽。但根据我国环境侵权的现阶段至少可以开办以下一些责任险：以核泄漏、核辐射、核污染、核爆炸等核风险为责任范围的事故风险责任险；以海洋环境污染而引起的环境损害为责任范围的海洋环境责任险；以生产者或经营者在生产经营过程中产生的各类水体污染或所排放的污水所造成的损害为责任范围的水污染责任险；以生产者、经营者在生产经营过程中产生的噪声以及震动所造成的直接或间接的损害承担赔偿责任的声震污染险；以计算机、移动通信工具以及其他辐射源的生产者，因其产品辐射所造成的损害为责任范围的辐射责任险；以生产者、经营者在生产经营过程中造成大气污染，从而对人身和财产造成的间接损害承担赔偿责任的大气污染责任险；以及上述风险所产生的施救费用。

三、科学合理地确定保险费率

我国目前实行的环境侵权责任保险的费率是有管理的浮动制，环境污染责任保险费率是按行业划分的，最高为2%，较其他险种只有千分之几的费率相比，要高出好几倍。如此高的费率，赔付率又低，势必影响企业投保的积极性。从本质上讲，保险费率是保险标的风险的买卖价格，其高低取决于风险大小及最大赔偿金额的估算。在市场经济中，这一价格应由买卖双方根据风险的高低通过谈判决定。因此，应本着“高风险、高保费，高赔付；低风险，低保费，低赔付”的原则，在具体厘定保险费率时应考虑被保险人的风险程度和最大赔付金额。针对我国目前的情况，对重点污染区域、一般污染区域、轻度污染区域的排污企业实行差别费率，并且对每个区域的排污企业的排污程度不同实行可浮动的

保险费率。实行自由的保险费率，不仅符合市场决定价格的原则，而且可以通过保险费率这一杠杆，促使投保人积极采取环保措施，降低环境侵权的风险。

四、开展绿色保险再保险配套立法

由于我国幅员广阔，环保水平又参差不齐，环境污染侵权损害一旦发生，其损害程度可能是非常巨大的，如果保险人的负担能力不够高，甚至可能会因为一个案件的理赔而破产。因此，由一家或几家保险公司单独承保是不现实的，建议在根据保险事故的不同选择不同机构的同时，也要对相关立法采用必要的制度设计，引入环境责任保险再保险，尽量提高保险人的风险负担能力，以促进和引导绿色保险制度在我国的实践。环境责任保险再保险至少具有如下功能：第一，环境责任再保险能实现特定区域内的风险有效分散。第二，环境责任再保险能对特定期间的风险进行彻底分散。污染责任保险的保险人可以通过再保险将其所承担的特定时间段内的风险从时间和标的数量两个方面进行双重分散。第三，环境责任再保险能够促进保险业务，满足保险经营所追求的平均法则，以此提高保险经营的财政稳定性。第四，环境责任再保险有助于通过相互分保来扩大风险分散面，其特点是保险人既能将过分巨大或集中的风险责任的一部分转移出去，同时又能对其他保险人的业务予以分入。因此，某一特定的保险人所承担的总的保险责任虽然不变，但却实现了风险单位的量化和风险责任的平均化，因而风险得到了最佳分散，财务稳定性得到明显提高。

五、加大政府推进和政策支持力度

国际经验证明，一个成熟的绿色保险制度，是一项经济和环境“双赢”的制度，也是一个能在更大范围调动市场力量加强环境监管的手段。环保部门对重点排污企业的监管不能因为绿色信贷和绿色保险这“双保险”就有所松懈，若对此类企业的日常监管有所懈怠，会使保险费从企业购买排污权的“通行证”，绿色保险变为“排污定心丸”。只有进一步加大监管和执法力度，利用现代监控手段强化现场监测与监督，才能彻底让污染企业消除侥幸心理，激发污染企业转嫁环境责任风险的积极性，扩大绿色保险市场。同时，绿色保险不同于其他一般商业保险，其风险很大，且具有一定的公益性，在起步阶段政府要发挥“第一推动力”的作用，及时制定行业重点扶持政策，或由政府出面促成各保险公司联合承保，组建专门的政策性保险机构，进一步分散风险等。借鉴国外经验，明确企业投保费用税前列支，减轻企业负担，提高其投保意识和积极性；给予保险企业税收优惠政策，减免其营业税、所得税等税种，帮助其建立风险控制和防御体系；壮大保险基金，鼓励和引导保险公司参与绿色保险。

第七章

中国绿色投资者网络内容、案例及设想

近几年来，绿色金融在中国得到了迅速发展，构建绿色金融体系已经上升到国家战略层面，在绿色金融发展过程中绿色投资者则扮演着非常重要的角色。我国也越来越认识到培育绿色投资者的重要性，中国人民银行、财政部等七部委联合印发的《关于构建绿色金融体系的指导意见》明确指出，要引导各类机构投资者投资绿色金融产品，特别是要鼓励养老基金、保险基金等长期基金开展绿色投资。

第一节 我国绿色投资者网络的目标和内容

虽然绿色投资尚未形成统一的定义，但其内涵已经相对明确，主要是指投资者在投资决策中对环境风险予以充分考虑，从而减少污染性的投资，加大对环境友好项目的投资。绿色投资在实际运用中，主要有两个维度。第一个维度是以投资者的责任作为出发点，要求“负责任”的投资机构在进行投资分析时将环保的要素化解为相应的评估指标，并依照分析的结果进行投资的评估与决策。责任投资往往要求投资机构不仅考虑项目的环境因素，项目相关的社会以及公司治理等因素往往也要包括在内。第二个维度是将通过投资促进环境保护、应对气候变化作为出发点。这一类的投资主要限定在一些具体投资的领域，如清洁能源以及绿色技术，并希望推动绿色产业增长以实现可持续发展。投资机构的范围较“责任投资”相对要小。以上两个维度在国际投资领域均有较广泛的应用。通行做法是，发起方通过号召投资机构加入签署倡议，认可相应的理念、原则，形成绿色投资机构的网络。通过绿色投资网络的运行，一方面可开发推广相关的评估管理工具、分析指南以支持网络内的投资者进行投资的绿色管理和报告，有效管理投资风险；另一方面，可以结合网络相关的专业资源，为投资机构提供绿色产业的政策与技术支持，以筛选出优质的投资机会而实现盈利。

构建中国绿色投资者网络，主要包括的目标可以概括为以下几个方面。第一，帮助推动机构投资者在投资决策过程中应用科学的工具开展环境评估。第二，督促所投资的上市公司和其他被投资公司承担社会责任和完善信息披露。第三，推动政府在相关政策上的改变。第四，推动投资项目的环境信息的公开与共享。第五，与国内外伙伴共同分享与交流相关的经验和案例。第六，推动投资者和消费者的环境教育。

我国绿色投资者网络的功能主要包括以下内容。①建立多方交流合作的平台。通过网络的建设和运行，形成一个综合的交流平台，以投资机构为核心，邀请相关政策制定者、金融专家、环境政策专家、环境技术专家以及绿色产业实体机构的代表参与网络活动（如沙龙、论坛、研讨会、培训等），共同推动网络的发展。②形成在中国主导的绿色投资倡议和绿色投资原则由核心的投资机构和倡议机构共同发起绿色投资倡议，明确绿色投资原则。并邀请其他投资机构签署加盟网络。投资倡议和原则需反映中国的环境质量改善需求，并能够有效引导投资机构进行参与。③形成相对统一的环境风险评估以及环境信息披露的要求和操作指南。形成和推广适合于中国情况的工具和方法，对融资企业和项目的环境风险进行评估、管理及披露，帮助网络内的投资机构建立起一套有效的管理机制来控制由环境因素而形成的投资风险。④为网络成员提供绿色投资专业技术支持。网络可为成员提供包括投资的环境风险管理及能力建设、绿色技术评估、绿色行业发展分析、环境政策市场分析等服务，推动形成第三方技术支持服务的规范和服务流程。⑤推动相关的政策变化。通过网络发起相关的政策研究，利用网络平台以及网络成员的影响力对外发布和与政府沟通，以推动政策的变化。⑥帮助投资机构树立绿色投资的品牌优势。通过网络开展的活动以及网络宣传，可以帮助网络成员机构形成被广泛认可的绿色品牌优势，提高网络成员在相关领域的知名度和影响力。

在我国，建立绿色投资者网络有两大推动力。一方面，严峻的环境污染已经为中国过去几十年粗放式的发展模式敲响警钟。中央政府已经提出“向污染宣战”的政治口号以明确治理污染的决心，而我国的环境政策与法规体系也进入了前所未有的快速变革阶段。建立绿色投资者网络，不但可以支持投资者响应十八大号召，通过绿色投资推动生态文明建设，还可以帮助投资者系统地管理因环境政策变化所带来的投资机遇和风险。另外，公开加入绿色投资者网络还有助于投资机构形成绿色品牌优势。另一方面，环境保护和低碳发展已经成为全球产业升级革命的新标杆，清洁能源、绿色技术、清洁交通等领域也已经成为全球公认的投资增长热点。例如，德国知名咨询公司罗兰贝格的研究报告预测，到 2030 年德国环保产业产值将达到 1 万亿欧元，超过机械、汽车等行业而成为德国第一大产业。加入绿色投资者网络可以帮助投资机构与网络相关的成员以及伙伴合作，形成多元化的绿色投资产品，发掘有潜力的绿色投资机会。事实上，我国的一些机构已经在民间开始推动中国绿色投资者网络雏形的建设。例如，中国清洁空气联盟发起的清洁空气投资者沙龙（该沙龙发起了清洁空气投资倡议，已有近30家机构响应加入倡议），商道纵横发起的中国责任投资论坛等。在这些本土试点的基础上，应该在更大的范围、以更强的力度来推动中国绿色投资者网络的建设。

第二节 绿色投资者网络的相关案例

一、气候变化机构投资团体

气候变化机构投资团体（The Institutional Investors Group on Climate Change）是由欧洲关注气候变化的机构投资者建立的，目前有72个成员，管理着6万亿欧元的资产。该网络的核心目标是通过成员投资机构的合作，影响企业、政策制定者以及其他的投资机构，以共同推动构建低碳经济的发展。网络要求投资机构将应对气候变化的管理要素融合到投资战略的制定以及投资操作中。

二、Chrysalix 全球网络

Chrysalix 全球网络是全球最活跃的清洁技术风险投资者网络。它汇集了全球一批最知名的清洁能源风险投资公司。该网络旨在帮助清洁技术行业的成长，在全球范围内组织这些公司的联盟并对其进行区域性管理。Chrysalix 全球网络中的成员公司覆盖三大洲，它们组织各种讨论和交流，并通过网络推动所投资公司的绿色业务拓展，降低投资风险，优化经营业绩。

创建全球风险投资网络，目的在于更好地解决清洁技术行业的全球性问题，而与全球联系的区域存在意味着投资组合公司和基金的成功机会更大。网络成员认为："现在是最需要清洁能源投资的时候了。"为了更好地解决清洁技术行业的全球性问题，覆盖北美的 Chrysalix Energy Venture Capital（Chrysalix EVC）是过去两年中最活跃的全球清洁技术投资者，在温哥华、不列颠哥伦比亚省和阿尔伯达省卡尔加里设有办事处。涵盖欧洲的 Chrysalix 可持续能源技术（Chrysalix SET）是位于荷兰阿姆斯特丹的领先的可持续能源技术风险投资公

司。涵盖亚洲的 Grand River Capital Chrysalix（GRC Chrysalix）是总部位于北京的首屈一指的绿色科技私募股权投资者。

清洁技术行业是一个全球性的行业，但是早期的风险投资并不是一帆风顺的，不仅需要脚踏实地寻找和建立优秀公司，同时也需要为投资组合公司提供全球化的市场视角，以确保其准备好在国际上进行竞争。并且，风险投资是提供进入新地理位置的有效渠道，从而扩大制造或扩大销售。Chrysalix EVC 总裁兼首席执行官 Walvan Lierop 说："通过建立这样的全球网络，我们都从一家大型风险投资公司的共同资源中受益，同时保持了一家小公司的灵活性和创业精神。此外，CGN 现在可以帮助我们大型全球工业有限合伙人（LPs）在全球范围内以其一贯的外部创新性进行拓展。"

由于中国对绿色技术的投资速度是世界其他地区的 3 倍，而且有许多北美和欧洲的清洁技术公司需要有效的亚洲战略，因此合作是有道理的。GRC Chrysalix 通过覆盖这三个重要的大洲，能够为我们的企业家和投资者提供成功的最佳生态系统。

三、我国绿色债券投资

在提及绿色债券投资之前，首先对我国绿色投资的发展现状做一概述。2018 年 11 月，中国金融学会绿色金融专业委员会与英国伦敦金融城牵头，联合国内外多家机构，共同发起《"一带一路"绿色投资原则》。这一原则得到多家国内外主要金融机构支持，截至 2019 年 3 月中旬，已有来自英国、法国、新加坡、巴基斯坦等国家和地区的近 20 家商业银行、证券交易所、行业协会等机构签署了该原则，多家多边开发银行、咨询公司、会计师事务所等机构明确表示支持。

绿色债券旨在为能够解决气候变化的项目融资。它们可以由政府、银行、市政机构或企业发行。绿色标签可适用于任何形式的债务工具，包括私募债券、资产证券化、担保债券和伊斯兰债券。按照国际资本市场协会《绿色债券原则》1 或贷款市场公会/亚太贷款市场公会《绿色贷款原则》2 进行贴标的绿色贷款也是另一种形式。总而言之，募集资金必须投向"绿色"资产是最为关键的。

气候债券倡议组织使用《气候债券分类方案》中对于绿色的定义，该分类方案包括八个领域：能源、建筑、交通、水资源、废弃物、土地使用、工业和信息通讯技术。气候债券倡议组织还根据国际科学界和行业专家意见制定行业标准。行业标准在气候债券的认证过程中得以运用。

只有当绿色债券将至少95%的募集资金用于与气候债券分类方案一致的绿色资产和项目时，才会被纳入数据库。此类债券也被称为符合国际绿色定义的绿色债券。如果没有足够的募集资金投向信息，则债券可能不会被纳入数据库。

如果债券的募集资金使用与气候债券分类方案不一致，则该债券将被排除在气候债券数据库之外。如果超过5%的募集资金被用于或预计用于“企业一般目的”、营运资本、社会资产/项目或其他不符合气候债券分类方案的资产，则也不会被纳入。缺乏足够的信息来确定募集资金使用是否与国际绿色定义一致也会导致该债券被排除。

气候债券倡议组织提供绿色债券的认证计划。发行人可根据气候债券标准寻求认证。通过使用独立的经气候债券组织授权的核查机构提供第三方评估，发行人可以证明募集资金的使用符合将全球变暖限制在2℃内的目标。

气候相关债券是那些虽然尚未被发行人进行绿色贴标，但实际上在为推动低碳经济的绿色或气候资产提供融资的债券。在贴标绿色债券之外，气候相关债券的规模更大。它们来自于那些至少有75%的收入来自“绿色”领域的发行人，而绿色领域涵盖了至少六个气候主题，包括清洁能源、低碳运输、水管理、低碳建筑、废物管理和可持续土地利用。

下面对我国绿色债券投资的具体情况进行详细介绍。

（一）我国绿色债券发行规模

2018年，符合国际绿色债券定义的中国发行额达到312亿美元（2103亿元人民币），这包括中国发行人在境内和境外市场共发行的2089亿元人民币（309亿美元），以及14亿元人民币（2.08亿美元）的绿色熊猫债。另外中国第一笔根据国际《绿色债券原则》贴标的绿色贷款为1.22亿元人民币（1770万美元）。其中符合国际定义的中国绿色债券占全球发行量的18%。与2017年的1578亿人民币（235亿美元）相比，这一数字增长了33%。如果纳入那些仅符合中国国内定义的债券，2018年的贴标绿色债券总发行量达到2826亿元人民币（428亿美元），同比增长12%。

与2017年一样，2018年第四季度的绿色债券发行规模最大，几乎是第一季度的4倍。中国市场除了在2016年第一季度因受到人民银行绿色债券指引推动，一些大型银行进行了示范性的绿色债券发行外，中国绿色债券市场在年初相对平静，部分原因是受中国春节假期影响（图7-1）。这一趋势预计将延续至2019年。

在全球范围内，来自美国的发行人发行了341亿美元规模与国际定义一致的绿色债券，而法国以142亿美元排名第三。房利美（Fannie Mae）在2018年

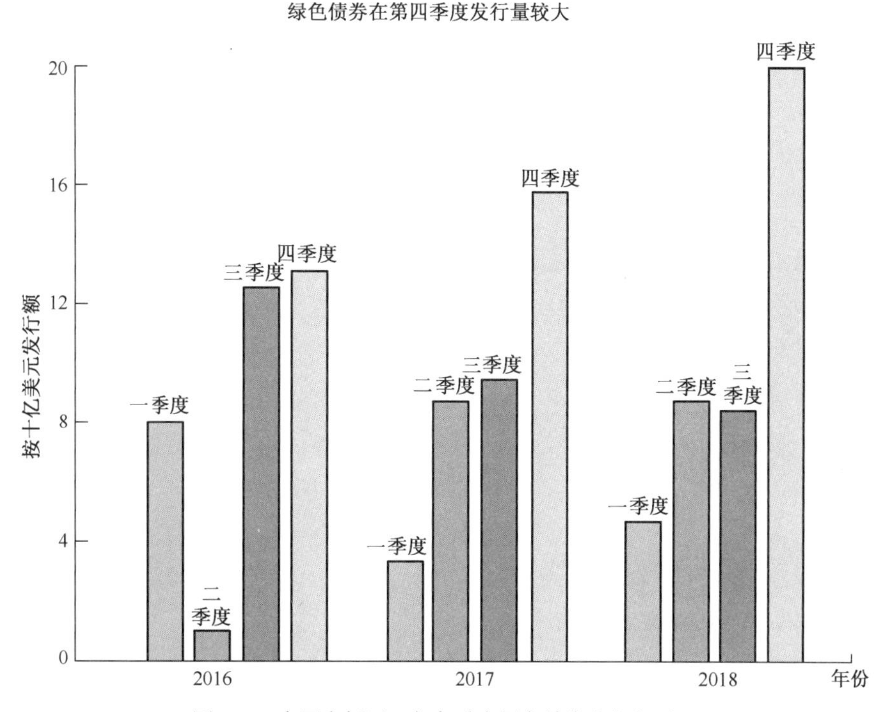

图 7-1 中国市场近三年各季度绿色债券发行额对比

仍然是美国和全球最大的发行人，其绿色商业地产抵押贷款支持证券(MBS）发行总额达 201 亿美元。这比 2017 年的发行额降低了 27%，但这在美国市政债券发行总额减少的背景下仍然显著。兴业银行是全球第二大发行人，也是中国最大的发行人，其 2018 年的发行金额为 665 亿元人民币（96 亿美元），包括两只境内发行总额为 600 亿元人民币（86 亿美元）的绿色债券和一只离岸发行的 9.43 亿美元绿色债券。该银行 2018 年绿债发行量占当年中国发行绿债总量的 23%。兴业银行绿债累计发行额达到 1192 亿元人民币（174 亿美元，其中 100 亿美元符合国际绿色定义），使其成为自 2016 年以来中国市场上最大的绿色债券发行人。

(二) 我国绿色债券募集资金投向领域

中国绿色债券的募集资金投向广泛领域，按气候债券分类方案划分，低碳交通是最大领域。投向低碳交通的募集资金占 2018 年发行总额的 33%。越来越多来自地方的交通运输企业发行绿色债券，使投向这一领域的绿色债券资金规模从 62 亿美元（人民币 392 亿元）上升至 100 亿美元（人民币 689 亿元）。例如，武汉地铁、成都轨道交通、天津轨道交通和南京地铁都发行了绿色债券用于当地地铁线路建设或延长。昆山公交集团和扬州交通产业集团也分别使用绿色资产证券化和绿色中期票据为当地公交车队的购置进行融资。

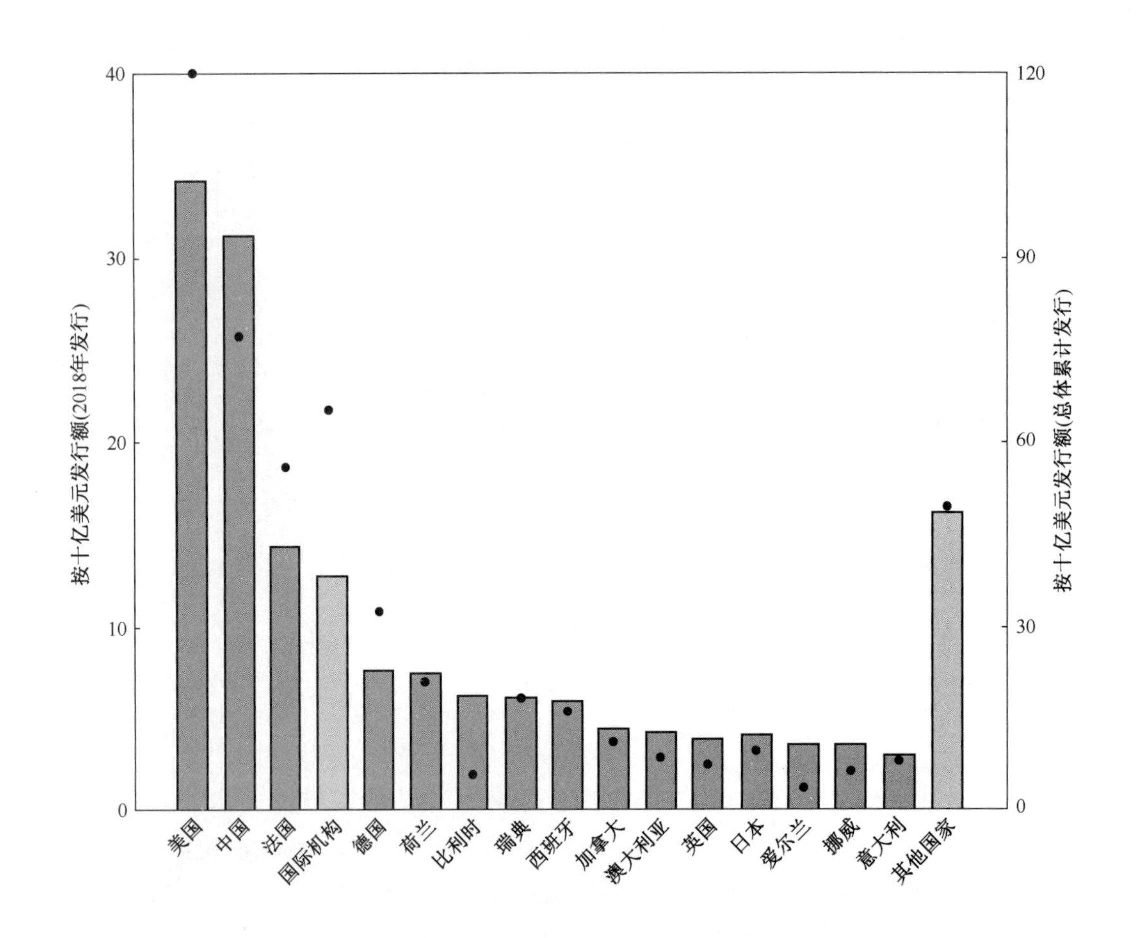

图 7-2 中国和全球绿色债券发行情况

能源是绿色债券募集资金的第二大投向领域，其中太阳能和风能是最常见的两种新能源类型。我们已经看到一些风电企业在 2018 年发行绿色债券，这包括中节能风力发电股份有限公司、协合风电投资集团和中广核风电有限公司。

投向可持续水基础设施的募集资金有所增加，这可能是因为中国政府已经将防治空气污染的决心扩展到了水污染治理中。政府目前正希望治理城市周边的污染溪流并改善自然保护区的水质。习近平主席强调了绿色发展的重要性，即“绿水青山就是金山银山”。在这一领域已经出现了几只绿色 ABS 发行。例如，重庆康达发行了绿色 ABS 并以五家子公司未来十五年的水处理应收账款为担保，所募集的资金将用于为其子公司新建并升级现有的污水处理站。

根据人民银行绿色债券目录的定义，清洁交通占据了最大份额（占 30%），其次是清洁能源（占 23%）。

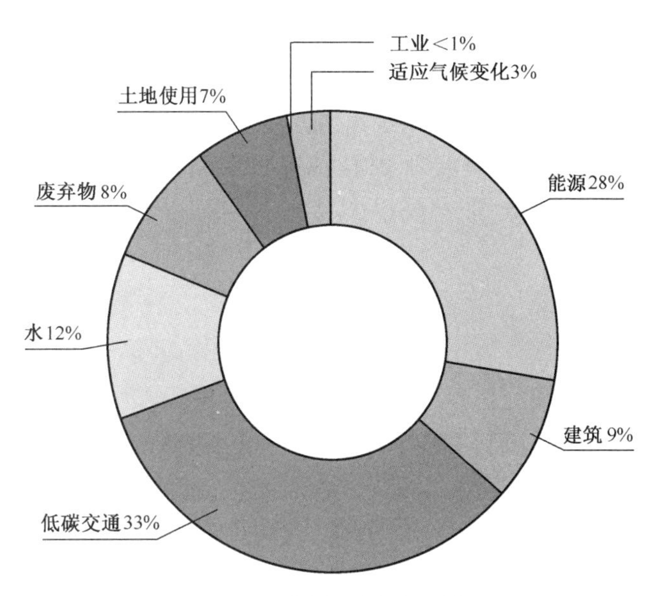

图 7-3 募集资金投向比例

(三) 我国绿债发行后募集资金披露情况

94%的中国绿债在发行后披露募集资金使用专项报告，通过对 2017 年 11 月之前发行的且已纳入气候债券倡议组织数据库的所有绿色债券进行审查，完成了第二份全球绿色债券发行后募集资金使用报告的研究。

对于绿色债券发行人来说，市场的责任不仅取决于发行时的承诺，还取决于在资产或项目融资过程中如何持续跟进这些承诺。通过发行后募集资金使用的报告，发行人有机会通过展示绿色债券所实现的积极气候影响，与债券持有人、潜在投资者和其他市场参与者进行互动。中国的一系列绿色债券指引要求发行人在债券发行后披露募集资金的使用报告。例如，中国人民银行要求绿色债券发行人每季度向市场披露收益的使用情况。

按拥有发行后募集资金使用报告的绿债金额统计，中国位居第一；按发布报告绿债的数量统计，中国位居第四。大多数中国发行人在绿债发行后提供了一定程度的公开信息，85%（按债券数量统计）的债券或 93%（按债券规模统计）的中国绿债发布了募集资金的使用报告。大多数债券至少每季度报告一次。60%的绿债发行人按季度报告，其中大多数是金融机构发行人，这是因为人民银行的《中国人民银行公告(2015）第 39 号》要求金融机构发行人每季度向市场披露绿色债券募集资金的安排和使用情况。金融机构（主要由商业银行组成）、政策性银行和政府支持机构进行募集资金使用报告的比例较高，而企业和资产支持证券的报告比例较低。这与我们对全球研究的结果相一致。因为这三类发行人往往是大型企业，经常发行债券，并且通常可以采用更有效的方法应用绿色债券募集资金的管理和报告指引。

发行额度超过 10 亿美元的所有绿债均有募集资金使用报告，而在发行规模为 1 亿 ~5 亿美元的绿债中，有 85%发布了报告。报告比例最低的是发行面额小于 1 亿美元的绿债。即便这样，也有 80%发布了报告。这不足为奇，因为较小的发行人和债券规模可能意味着可以用于支持进行募集资金使用报告的资源相对较少。

按绿色债券发行计划层面进行披露的占 75%。只要发行人披露完整的绿色债券项目（包括债券数量、发行金额等），无论按绿债框架进行报告或对单只债券进行报告都是可以接受的。由于中国绿债市场上大多数发行人已经发行了多只绿债，因此按整体发行计划进行募集资金使用披露已成为常态。

按金额统计，89%的绿债报告了气候和环境影响。在全球范围内，有一半的发行人披露了绿债环境影响报告，若按发行金额统计则覆盖 78%的绿债。环境影响报告对投资者非常有帮助，这是因为绿债投资者往往希望实现其投资的正外部性，其在绿色债券市场中的受重视程度也不断加大。中国发行人最经常使用的衡量指标包括标煤使用的减少量、氮氧化物减排量、二氧化硫减排量等。其他衡量指标，如大气颗粒物减少量，是中国发行人所独有的，反映了发行人对解决空气污染问题的决心。

发行后募集资金使用报告包含有关绿色债券募集资金和债券的环境影响信息。这些信息来源包括绿色债券募集资金使用专项报告、发行人年度报告、环境报告等。募集资金使用报告是绿色债券原则和绿色贷款原则的核心组成部分。同时，公开所融资项目的环境影响也是被鼓励的。发行后募集资金使用报告提供透明度、确保责任，并可以提升绿色债券和贷款的可信度。随着市场不断扩大，投资者对募集资金使用和绿色债券影响信息的兴趣也随之增加，因为这可以为他们的决策过程和分析提供信息。

总体来说，绿色债券鲜明的概念性更受责任投资者青睐，尤其是在国际资本市场上，银行、保险公司、养老金和一些基金公司坚持可持续投资的理念和原则，在资产组合中有相当的比例需投向绿色项目，对绿色债券的需求较大。绿色债券募集到的资金，一般都会投向可再生能源、可持续交通、能源效率改进等绿色项目，多数项目具有国家或地方政府的相关补贴，同时未来也可能推出绿色债券相关优惠政策，如更低的投资门槛，更优惠的税收等。这将在一定程度上降低融资成本，也意味着更低的项目开发成本，从而可以使融资者和投资者有更多动力将资金用于促进环境保护、低碳发展、可持续发展的项目上。此外，对于投资者来说，绿色债券相比于普通债券具有更加严格的信息披露要求，募集资金的用途也更具透明性，从而投资者可以用一种低风险的方式把资金投到环境事务上，既能实现投资者强烈的社会责任感，又能承担较低风险并获得一定收益。

第三节　绿色投资者网络建设的构想与建议

未来排污成本以及环保违法成本会不断地提高，这样会推动企业进行绿色环保方面的投入，也为投资机构带来了更多机遇。

绿色投资活动，对投资对象进行资源、环境影响评估，将资源、环境的影响评估结果纳入到投资方案的可行性分析中。在循环经济理念的指导下，绿色投资可以增加对绿色项目的投资额，减少消耗型产品，增加节能产品和材料的使用。通过加大对企业废弃物变成企业资源这种循环行为的投资等方式来实现企业绿色投资管理。需要强调的是，企业绿色化程度越高，绿色财务管理程度越高。这不仅在成本上得到节约，而且还带来社会及环境效益。

建立绿色投资网络可以有如下作用：①支持投资机构在进行投资决策中能够运用比较科学的工具开展环境评估；②确定绿色投资者网络核心工作范围；③建立多方的合作与交流，推进国内国际交流合作机制的成型；④让所有参与的投资机构和上市公司督促他们被投的企业更好地公开环保信息，承担更多的责任；⑤通过这样的网络，不仅可以凝结绿色投资者的力量，也可以将很多投资机构对政策的看法和建议整合起来，把它和政策制定者沟通，推动政策的更新。

从西方的经验来看，绿色金融体系包括赤道原则、绿色信贷和证券化、绿色实业基金、绿色证券基金、绿色债券、绿色银行、绿色保险、碳金融体系的设立、金融机构的环境法律责任、要求机构投资者在其决策过程中考虑环境因素、在信用评级中引入环境因素、要求上市公司符合绿色社会责任规范、构建绿色机构投资者网络。马骏就构建中国绿色金融体系提出了四类14条建议：机构建设类建议，包括中国生态发展银行、地方层面的绿色银行、绿色投资基金和环境友好型对外投资机构；政策类支持建议，包括绿色贷款的贴息、绿色债券和绿色IPO；金融基础设施类建议，包括排污权交易、绿色评级、绿色指数和绿色投资者网络；法律基础设施类建议，包括绿色保险、强制披露和银行环境责任。

当下，构建绿色金融体系已上升至国家战略层面，投资者绿色化成为大势所趋，但市场上长期投资者数量以及活跃度仍显不足，商业模型的可持续性受到挑战。重点在于，激励绿色投资者和获得环保效益与环境风险之间的平衡。

中国人民银行研究局首席经济学家、中国金融学会绿色金融专业委员会主任马骏指出："如果没有绿色投资者，绿色金融就是无米之炊。"绿色投资者是绿色金融的出资人，中国每年需要3万亿～4万亿元的投资额，都需要绿色投资者来提供，可见其发挥着十分重要的作用。一方面，越来越多的投资者正在主动通过管理ESG相关问题来制定长期的、负责任的投资策略；另一方面，一些国家政府和金融监管机构通过法律法规、指引准则等要求或引导投资者的绿色化。积极的绿色投资者还自发组织在一起发起建立各类交流学习平台，比如联合国责任投资原则(UN PRI)。目前加入PRI的投资机构达到1500多家，管理规模60多万亿美元的资产。这股力量有力地推动了全球绿色金融的发展。

截至2016年11月末，交易商协会支持绿色企业发行债务融资工具的规模已超过1500亿元；"贴标"的绿色债务融资工具注册总额也超过170亿元、发行80亿元，已注册绿色债务融资工具募投项目预计每年节能量达到164万吨标准煤，减排二氧化碳488万吨，节能减排效果较为明显。近些年来中国保险资产管理行业涉及绿色产业项目有180多个，投资规模突破5000亿元，项目个数占比33%，投资规模占比40%。项目涵盖了清洁交通、清洁能源、资源节约与循环利用、污染防治等多领域。下一步，保险资产将以长期投资者身份将绿色发展理念融入到投资操作过程中，对被投资企业施加影响，间接达到助推绿色发展的目的。推动保险机构创新绿色保险产品和服务，在环境高风险领域建立强制污染防治保险责任制度，充分发挥保险机构防灾减灾功能，建立健全环境风险监控和预警机制，实时开展风险检测，提示风险隐患。同时强化对信息披露的要求，强化对绿色资金运用的监督和评估，守住不发生系统性金融风险的底线。

目前，绿色投资者面临一些障碍，例如新兴市场由于风险较大对主流投资者的吸引力不足、数据的缺乏、风险评估的机会和能力不足等。

关于构建绿色投资者网络具体建议：①相关政府部门或其主管的研究机构参与绿色投资网络的发起倡议。由相关的政府部门或其主管的研究机构参与倡议发起绿色投资网络，有助于提升网络的公信力和影响力，有利于形成可被广泛接受的投资原则和绿色投资管理的方法。联合国参与发起的"联合国环境规划署金融行动机构"（UNEPFI）以及"负责任投资原则"（UNPRI）都采用类似模式，通过联合国的号召力与影响力，以及其强大的技术支持网络，可以有效地推进绿色投资网络的建设步伐。②加强对绿色投资和责任投资理念的宣传与推广，在投资策略中逐步引入ESG理念。

政府背景的投资机构与平台应参与到我国绿色投资者网络的投资机构中，其中一部分资金具有较强的政策导向性，如政策性银行、产业发展基金等。在一定程度上，这些资金也同时肩负着推动落实国家环保政策、改善环境质量的使命，可以通过参与绿色投资网络支持其政策目标的实现。还有一部分带有公共属性的投资基金，如社保基金、医疗基金、教育基金、保护儿童基金等。国际上，养老金管理机构在绿色投资中也扮演着重要的角色，一些典型的代表包括：ATP（丹麦最大的养老金）、PGGM（荷兰医疗领域的基金）、CalSTRS 与 CalPERS（美国加州公共领域的基金）。一些国际知名的绿色投资者网络，如 P8 投资网络就是由几家养老金管理机构发起的。此外，一些地方政府管理的企业和融资平台也是绿色投资网络的重要力量。

绿色投资者网络应开展绿色投资的政策研讨，同时，应用试点绿色投资者网络可以成为连接投资机构、政策研究者、政策制定者以及其他利益相关方的桥梁，支持各方在网络平台上就绿色投资政策进行交流，并通过网络帮助利益相关方形成政策诉求，推动政策变化。投资机构，尤其是那些负责任的、关注绿色投资的机构往往在实践中已经积累了较丰富的经验和技能。绿色投资者网络可以成为绿色投资新政策（如绿色投资产业、管理评估规程、报告机制等）的试点平台。绿色投资者网络的成员有更强的意愿承担绿色投资的风险，并且可以通过试点享受一定程度的政策优惠。通过绿色投资网络推动绿色投资的意识提高和能力建设。现阶段，国内大部分投资机构对于投资所应承担的环保责任，尤其通过投资可引发的环境影响还没有形成普遍的认识。在具体操作层面没有系统开展投资的环境风险评估、环保尽职调查、投资的环境效益分析等工作。通过建立和运行绿色投资者网络，可以提高投资机构绿色投资的意识，帮助投资机构系统地了解绿色投资的相关风险、机遇和操作方法。

绿色投资网络还可以成为推动绿色消费的重要载体。网络的运作应推动消费者偏好的改变，提高对绿色产品的需求及其定价能力。具体做法如：为消费者提供企业的环保信息；宣传绿色项目和产品，提高大众对这些产品的认知度和市场需求；利用公众舆论广泛谴责不环保的行为等。消费者绿色选择的效果将不仅限于个人消费品的采购，还应能推动绿色投资和绿色供应链。消费者偏好将会从以前的耗能高、污染重的供应商转向更加清洁的供应商。而消费者对绿色产品不断增长的需求将推动绿色产品的投资、开发和生产。另外，网络提供的绿色消费教育还将促进个人的绿色投资。消费者将在个人投资过程中（如购买股票、基金和其他理财产品），不选择重污染的企业而更多地投资能有效改善环境质量的行业和企业。通过形成绿色投资者网络，可以有效地凝聚各投资机构的力量，扩大绿色投资的影响力。绿色投资者网络还可以将投资机构的诉求通过网络平台有效地推动政策的改革创新。

建立绿色投资者网络。由国内最大的机构投资者发起，建立中国绿色投资者网络。该网络的主要职责应该包括，推动机构投资者在投资决策过程中引入环境评估，督促被投资公司承担社会责任和完善信息披露，推动绿色项目投资的信息共享等。

第八章

碳金融市场发展、要素及前景

在应对全球气候变化与环境问题的挑战中，经济增长方式势必要从高碳向低碳进行转型。碳金融作为绿色金融的重要组成部分，是一个非常值得关注和研究的内容。碳金融是为减少温室气体排放而制定或采取的各种金融制度安排和金融交易活动，既包括与碳排放权有关的各类权益交易及其金融衍生交易，也包括基于温室气体减排的直接投融资活动及为减少温室气体排放的企业或机构提供的金融中介服务。

第一节　碳金融市场的发展

一、国际碳金融市场

碳金融市场的发展经历了一些重要的事件。1990 年起，联合国政府间气候变化委员会（IPCC）共发布五次评估报告——基于化石燃料为主要能源的生产活动体系排放的温室气体与气候变化有着强相关性。1992 年，《联合国气候变化框架公约》确定共同但有区别的责任。1997 年，《京都议定书》明确了发达国家对碳排放的减排比例（美国到 2012 年时比 1990 年减少 7%，欧盟减少 8%，日本和加拿大减少 6%，俄罗斯维持 1990 年水准），并引入市场机制。2015 年 11 月，《巴黎气候变化协定》为全球减缓和适应气候变化的中国中长期行动指明了方向。

目前，国际碳金融市场最典型的代表，是欧盟碳交易体系（EU ETS）及其框架下的伦敦碳金融市场。这是目前全球最重要、最成熟、规模最大、覆盖最广的碳市场。

(一) 欧盟碳金融市场

欧盟碳金融市场的法律框架基础是基于《全球气候变化框架公约》和《京都议定书》形成的。2000 年，欧盟启动欧洲第一个气候变化方案 ECCPI。在该框架下，欧盟及其成员国以及各利益相关集团都采取了一系列具有成本效益的减排措施，其中就包括建立欧盟排放交易体系和进行相关立法。欧盟与国际环境委员会于 2003 年 7 月 2 日达成了《欧盟温室气体排放交易指令》，2005 年开始启动第二个气候变化方案（ECCPⅡ），实施欧洲排放交易机制并制定安全运用碳捕获与储存技术的立法框架，建立和完善欧盟碳排放交易体系（EU ETS）。2007 年 1 月 10 日，欧盟委员会通过气候及能源政策一揽子计划，2008 年 12 月 17 日欧盟议会正式批准该项计划，该计划明确规定 EU ETS 大约涵盖欧盟温室气体排放的 45%，2020 年应使控排企业的排放量比 2005 年降低 21%。这一揽子计划被认为是全球通过气候和能源一体化政策实现减排目标的重要基础。

欧盟碳交易体系于 2005 年 1 月 1 日正式开始运作，第一阶段试验时期（2005～2007 年）由于体系创建之初，没有历史数据和经验的支撑，导致免费分配的碳配额总量超过了实际排放量，从而导致欧盟碳配额期货价格的暴跌，其间出现了从最初的每吨 30 欧元跌到了 10 欧元左右的状况。第二阶段改革时期（2008～2012 年）初期，价格开始趋于平稳。但是，由于其间出现的美国金融危机和欧债危机，使欧盟碳配额期货价格到 2012 年年底只有每吨 7 欧元左右。第三阶段（2013～2020 年）还在进行之中，在此阶段内，排放总量每年以 1. 74%的速度下降，以确保 2020 年温室气体排放要比 1990 年至少低 20%。

在欧盟碳金融市场，现货是碳市场的基础交易产品，包括 ETS 机制下的减排指标和项目减排量两种。其中，EU ETS 的减排指标为欧盟碳配额（EUA）及欧盟航空碳配额（EUAA），项目减排量则包括发达国家和发展中国家之间 CDM 机制下的核证减排量（CER），以及发达国家和发达国家之间 JI 机制下的减排量（ERU）。EUA、EUAA、CER 和 ERU 就是目前欧盟碳市场交易的主要碳现货产品，其中 CER 和 ERU 两种项目减排量可以被控排主体用于抵消其一定比例的 EUA。

由于欧洲拥有发达的传统金融市场，因此 EU ETS 建立伊始就直接引入了碳金融衍生品，主要有碳远期、碳期货、碳期权和碳互换，其中碳期货的交易规模最大。

(二) 伦敦碳金融市场

2002 年 4 月正式启动了英国自愿碳排放权交易体系（UK ETS），并计划与欧盟碳交易体系（EU ETS）接轨。随着 UK ETS 及 EU ETS 的相继推进，伦敦迅速发展成为英国和欧洲碳市场中心。

2007 年 3 月 13 日，英国公布了全球首部应对气候变化问题的专门性国内立法文件——《气候变化法案草案》，并于 2018 年 11 月 26 日生效，英国也因此成为第一个具有有关气候变化立法的国家。该法案制订了碳预算 5 年计划新体系和至少未来 15 年的碳预算计划，引入新的排放贸易体系，建立温室气体排放报告制度以及对英国温室气体减排的进展情况进行监督。2008 年英国制定了《关于碳抵消交易出售者的最佳行动指南草案》，碳抵消出售者可以自愿选择是否对其在应对气候变化方面做出的贡献进行注解，增加消费者对碳抵消交易产品环保性及其价值的信心，向英国碳抵消负责部门提供产品质量及认证标准，致力于发展英国在全球范围内应对气候变化的领导地位，并为全球碳交易市场提供强有力的流动性政策基础。2010 年 4 月初，英国政府出台了两项重大的低碳政策，分别是《碳减排承诺能效机制》以及面向小规模可再生能源的《可再生能源发电补贴政策》。

在交易规模上，首先从场内交易来看，位于伦敦的洲际交易所（ICE-ECX）是欧洲首个进行碳配额场内交易的交易平台，占据了 2014 年欧洲各主要交易所 92.9%的成交量，再加上位列第三的 CME-GreenX 和位列第四的 Nasdaq OMX，伦敦占了欧盟碳市场场内交易量的 93.5%。从场外交易来看，伦敦能源经纪商协会（LEBA）的成交量一直占欧盟碳市场场外交易的一半以上。从交易规模而论，无论是欧洲还是全球，伦敦都是无可争议的碳金融中心。交易产品上，碳期货等碳衍生交易产品丰富是伦敦成为碳金融中心的重要因素。ICE-ECX 的涉碳交易产品种类非常齐全，不仅包括 EUA 和 CER 现货，还涵盖了 EUA 和 CER 的期货、期权、远期等产品，以及 CER 与 EUA 之间的互换产品。此外，ICE-ECX 还可以为 LEBA 等的场外交易提供场内清算服务。伦敦碳金融市场的主要参与者主要包括控排企业、项目业主、金融投资机构和交易平台等四大类控排企业。

二、中国碳金融市场

中国的碳金融市场起步较晚。2002 年《中华人民共和国清洁生产促进法》和 2005 年《清洁发展机制项目运行管理方法》的推出，为建立碳金融市场，在立法和实践方面做了巨大贡献。2010 年 9 月，国务院《关于加快培育和发展战略性新兴产业的决定》首次提出，要建立和完善主要污染物和碳排放交易制度；同年 10 月，《中共中央关于制定国民经济和社会发展第十二个五年规划的建议》明确提出，把大幅降低能源消耗强度和碳排放强度作为约束性指标，逐步建立碳排放交易市场。2012 年 1 月，具有里程碑意义的“十八大”报告要求，积极开展碳排放权交易试点。 2012 年 6 月，国家发展和改革委员会颁布《温室气体自愿减排交易管理暂行办法》，从交易产品、交易主体、交易场所与交易规则、登记注册和监管体系等方面，对中国核证自愿减排（CCER）项目交易市场进行了详细的界定和规范。同年 10 月，国家发展和改革委员会颁布配套的《温室气体自愿减排项目审定与核证指南》，明确了自愿减排项目审定与核证机构的备案要求。2013 年 11 月，十八届三中全会的决议进一步明确要求，推行碳排放权交易制度。2014 年 5 月 9 日，国务院《关于进一步促进资本市场健康发展的若干意见》（新国九条）要求，发展商品期权、商品指数、碳排放权等交易工具，充分发挥期货市场价格发现和风险管理功能，增强期货市场服务实体经济的能力；允许符合条件的机构投资者以对冲风险为目的使用期货衍生品工具，取消对企业作为风险管理工具的不必要限制。2014 年 12 月，国家发展和改革委员会发布《碳排放权交易管理暂行办法》，搭建起全国统一的碳排放权配额交易市场的基础框架，就其发展方向、思路、组织架构以及相关基础要素设计进行了系统性的规范。2015 年 9 月，习近平主席在《中美元首气候变化联合声明》中正式宣布，将于 2017 年启动全国碳排放交易体系，覆盖钢铁、电力、化工、建材、造纸和有色金属等六个重点工业行业。2016 年 1 月，国家发展和改革委员会发布《关于切实做好国碳排放权交易市场启动重点工作的通知》。2016 年 3 月 17 日，“十三五”规划纲要提出：推动建设全国统一的碳排放交易市场。2016 年 11 月 4 日，国务院印发《“十三五”控制温室气体排放工作方案》，方案提出 2017 年启动全国碳排放权交易市场，到 2020 年力争建成制度完善、交易活跃、监管严格、公开透明的全国碳排放权交易市场，实现稳定、健康、持续发展。

从外部压力角度来讲，中国的温室气体排放全球第一，在内在需求方面面临温室气体减排与大气污染防治双重压力，二者具有同源性、同介质和减排措施一致性的显著特征。从发展阶段来看，中国碳金融市场的发展主要分为起步阶段、试点阶段、全面展开阶段。

（一）起步阶段

我国最早参与国际碳交易主要是通过清洁发展机制（CDM）来实现的，自此开启碳交易市场。为规范和鼓励 CDM 项目申报，于 2004 年出台《CDM 项目运行管理暂行办法》，从 CDM 项目的管理体制、申请和实施程序、法律责任等方面进行阐述与界定；2005 年，国家发展和改革委员会等四部委对该办法进行了修订。截至 2017 年 4 月末，我国已获得 CERS 签发的 CDM 项目数 1544 个，获得签发 CERS 的二氧化碳当量累计达 10.32 亿吨，按照 10 美元/吨的价格测算，转让收益超过 100 亿美元。

(二) 试点阶段

七个试点区域分别为北京、上海、广东、天津、深圳、湖北和重庆。深圳的排放交易体系成立于 2013 年 6 月，是七个区域中最早成立的，其次是 10 月成立的上海与北京体系，12 月成立的广东和天津体系，2014 年 4 月成立的湖北体系和 6 月成立的重庆体系。就数量而言，中国的七个排放交易体系试点构成了全球范围内最大的国家级碳定价方案，总量达到 13 亿吨二氧化碳当量。然而这七个试点只占全国排放量的 7%。2016 年 12 月，四川和福建两个非试点碳市场相继启动交易，其中四川碳市场首日开市半小时共完成 10 笔共计 36.3 万吨 CCER 交易，成交额超 400 万元；福建碳市场首日交易额超 1800 万元。

到目前为止，我国碳金融市场的主体仍是现货交易，主要包括七个碳交易试点省（直辖市）各自的碳排放权配额和项目减排量两类交易产品。项目减排量以 CCER 为主，主要用于七省（直辖市）的控排机构在履约时抵消其一定比例的碳配额，还有少量用于部分机构及个人的自愿碳中和行动。北京等试点省（直辖市）还把尚未完成 CCER 签发的林业碳汇项目以及节能项目产生的减排量，作为控排单位的抵消交易产品。

(三) 全面开展阶段

2017 年 12 月 19 日，国家发展和改革委员会以召开电视电话会议的形式，发布了《全国碳排放权交易市场建设方案（电力行业）》，并部署落实工作，标志着全国碳市场正式启动。在全国碳市场规划初期，提出了钢铁、有色、石化、化工、建材、电力、民航和造纸八大行业纳入碳市场。其中，发电行业产品单一，且能源消费与碳排放数据基础完善可靠、透明度高，同时排放规模占比较大，为碳配额的分配、管理以及碳排放的核查核算提供了便利。因此，全国碳市场首批纳入电力行业。根据该方案发布的数据，电力行业年排放 2.6 万吨二氧化碳当量（CO_2eq），即约合综合煤耗 1 万吨标煤以上的发电企业，将作为控排企业纳入全国碳市场。符合上述标准的发电企业合计 1700 多家，总排放规模 35 亿吨，占全国碳排放总量的 39%。从碳排放总量来看，中国已经超过了欧洲碳市场（EU-ETS）成为全球最大碳市场。

第二节 碳金融市场要素

碳金融产品是依托碳配额以及项目减排量两种基础碳资产开发出来的各类金融工具，包括原生工具和衍生工具。原生工具有碳排放配额和核证自愿减排量。碳排放配额是指政策制定者通过初始分配给企业的配额，是目前碳配额交易市场主要的交易对象。

一、碳金融市场结构

（一）配额市场

截至2017年9月30日，我国七个碳交易试点省（直辖市）和福建的一、二级现货市场配额累计成交量1.97亿吨，累计成交额45.26亿元。其中，2016年成交量为0.69亿吨，成交额为11.1亿元，较2015年分别上涨106%和29%。

在碳配额市场的法律法规建设方面，碳交易的顺利实施离不开强有力的政策保障，因此各个试点都非常重视法律法规的制定。在缺乏国家层面的统一法律法规前提下，试点地区结合自身特色，分别出台了针对碳交易的地方性法规、政府规章和规范性文件，涵盖了配额总量、覆盖范围、控排门槛、配额分配、监测报告与核证制度、抵消机制、遵约及处罚等制度。北京市还专门通过地方人大的立法予以规范，形成了“1+1+N”的完备规则体系，其中五个试点发布了政府令。上海、广东及湖北试点地区主要以政府令形式颁布了其管理办法，天津试点由于时间等因素，只发布了政府文件。在总量目标方面，考虑到发展中国家经济仍在快速增长，制定绝对量化的减排目标是碳排放交易制度实施的前提。因此，根据能耗、二氧化碳强度指标及能源消耗总量、增量目标和企业排放数据，以自下而上和自上而下相结合方式确定碳交易排放总量目标。在覆盖范围方面，各个试点均采取“抓大放小”原则，依据自身产业结构，以市场规模和效率为出发点，分别设置了不同的纳入门槛和行业范围。

目前，各试点省（直辖市）覆盖了电力、热力、化工、钢铁、建材等高能耗行业，七个试点共纳入2000～3000家企业。其中，北京、深圳等以第三产业为主的城市排放总量小、纳入门槛低，覆盖主体多为服务行业的企事业单位；湖北、广东等则以钢铁、水泥、化工、电力等高排放工业为主。不同省（直辖市）的控排门槛往往存在量级差异，以年排放量计，深圳为3000吨，湖北约15.6万吨。在MRV机制方面，对排放进行检测、报告，以及第三方机构对管控企业的排放量进行核查，为排放权交易体系提供了坚实的基石，是保证排放权交易体系得以实施，并取得预期环境效果的关键步骤。为此，各试点地区均建立了较为完善的核证报告体系，包括行业排放核算与报告指南、备案第三方核查机构、搭建电子报送系统（天津为纸质报送）等。

在配额分配方面，初始配额分配是ETS的重要环节之一，分配方法将直接影响碳市场的供求关系。主要是免费分配部分配额拍卖，其中，免费分配，为平稳启动市场、鼓励企业参与，七个试点碳市场启动时均以免费分配为主，分配方法虽然叫法各异，但大都以历史法与基准线法为主。对于数据条件较好、产品种类较为单一的行业，如电力、水泥等，采用了基准线发。而配额拍卖，各地也对有偿分配（拍卖或定价出售）做了明确的规定，其中上海、湖北、深圳和广东均举行过拍卖。广东在配额分初始配制度设计中特别要求，企业需先拍卖3%的有偿配额，才能够获得97%的有偿配额，某种意义上相当于强制有偿分配。在履约机制方面，各试点均要求管控企业在一个交易年度中，提交上年度排放报告，报告经第三方核证机构核查后，核定排放量进行上一年度的配额上交履约。七个试点履约流程和实践设计类似，处罚则和各地的法律法规基础有关。

同时，对参与主体的监督和管理是保障碳市场有效运行额措施。对管控企业履约，各地均做出了详细的规定，包括排放监测计划提交、排放报告提交、排放报告核证、根据核定排放量进行上一年的配额上交履约。如果企业未能按要求完成履约报告、核查和上缴配额等责任义务，将由地方法规和政府规章进行处罚，处罚力度各不相同。同时，第三方核查机构如出现作假等不当行为也会受到相应处罚。

在碳配额市场的抵消机制构建方面，除了配额交易之外，试点地区均规定企业可以使用国家签发的核证自愿减排量（CCER）抵消其配额清缴。各试点充分考虑了CCER抵消机制对总量的冲击，通过设置抵消比例限制、本地化要求、CCER产出实践和项目类型等方面的规定，控制CCER的供给。市场调节机制方面，为了维护市场稳定，各试点碳市场均对碳配额交易的涨跌幅进行了限制，范围在10%～30%之间，北京为20%；而湖北在面对市场连续跌停的情况下，规定本地配额涨幅上限10%不变，跌幅下限改为1%。此外，北京碳市场还规定了20～150元/吨的碳价调控区间，市场波动超出该范围将触发政府入场进行价格干预。在风控机制方面，为防止市场垄断及价格操控风险，各试点碳市场均对最大持有量进行了限制。以北京为例，履约机构交易碳配额最大持仓量不得超过核发配额量与100万吨之和；非履约机构碳配额最大持仓量不得超过 100 万吨。

(二) 项目市场

1. CCER

中国经核证的减排量(Chinese Certified Emission Eduction,CCER),也被称为中国 CER。CCER 项目包括节能减排、清洁能源项目和林业碳汇项目,根据规定,只有 2005 年 2 月 16 日之后开工建设的四类自愿减排项目,才有资格备案为 CCER 项目。而控排企业使用 CCER 的量不能超过其初始配额的 5%~10%,其中,北京和上海碳市的限定值最低,为 5%,重庆为 8%,其余均为 10%。

截至 2017 年 3 月 15 日,中国自愿减排交易信息平台累计公示 CCER 审定项目 2871 个,项目备案的网站记录为 861 个;减排量备案的网站记录仍为 254 个,除去记录重复的 20 个项目,实际减排量备案项目为 234 个。在公示的审定项目类型中,以可再生能源类项目居多,有 2048 个(其中风电 955 个、光伏 840 个、水电 134 个、生物质能 113 个、地热 6 个),占公示项目总数的 71.3%;其次是避免甲烷排放类项目 406 个,占 14.1%;再次是废物处置类项目 181 个,占 6.3%;林业碳汇项目仅 99 个,占 3.4%;其他 137 个,占 4.8%。截至 2017 年 9 月 30 日,七省(直辖市)碳交易市场共成交 CCER 减排量超过 12374 万吨。其中,2017 年 1~9 月,累计成交量 4277 万吨,超过 2016 年的成交量。在交易价格上面,北京 CCER 线上交易成交价大致 10~20 元/吨,上海在 20~25 元/吨。

某生物质能热电工程位于河南省,属于第三类 CCER 项目,于 2015 年 5 月 12 日备案,补充计入期的减排量已于 2015 年 12 月 23 日备案,见表 8-1。

表 8-1 CCER 项目案例项目

项目备案信息	
项目类别	(三)
项目类型	能源工业
方法学	CM 075 V01
预计减排量	62.481 吨二氧化碳当量(年减排量)
补充计入期	2011 年 9 月 28 日至 2012 年 3 月 13 日
审定机构	广州赛宝认证中心服务有限公司
备案时间	2015 年 5 月 12 日
减排量备案信息	
第一次减排量备案	2015 年 12 月 23 日
申请备案减排量	27.562 吨二氧化碳当量
产生减排量时间	2011 年 9 月 28 日至 2012 年 3 月 13 日
核证机构	中环联合(北京)认证中心有限公司

此项目为新建生物质热电联产项目，安装2台75吨/小时秸秆锅炉，配2套15兆瓦凝汽式汽轮发电机组，总装机容量30兆瓦，预计年总发电量163000兆瓦/小时，年供电量为143300兆瓦/小时，年供热量680000吉焦耳（GJ），年等效满负荷小时数5500小时。项目于2010年4月16日开始动工建设。项目1号机组于2011年9月28日投运，2号机组于2012年2月19日投运。项目将通过替代华中电网的部分电力和燃煤锅炉提供的热能，避免与所替代的电力和热力相对应的CO_2排放，从而实现温室气体减排。

开发的难点主要在于实际已投产的项目，PDD的基准线排放、项目排放计算没有按照当年运行天数分别进行折算；减排量核证时如何交叉核对项目的总发电量和厂用电总和的数据；减排量检测复杂，检测参数较多。

对于这些难点问题的解析：项目的基准线排放和项目排放均要按照机组当年运行天数分别进行折算，以与核查后的减排量做精准对比；根据备案的补充说明文件，发电量和厂用电量应通过电力销售凭证（若可得）和燃烧的燃料数量进行交叉核对。通常总发电量和厂用电总和的净上网电量数据进行间接的交叉核对，同时，再通过发电量除以燃烧的燃料数量得出的效率与以往的效率相比进行交叉核对。做好监测数据的记录保存，做好生物质的检测和统计。

2. 林业碳汇

随着全球气候变化对社会经济发展的影响日益加剧，减少温室气体排放引起了国际社会的广泛关注。通过林业碳汇应对气候变化，不仅可有效减少温室气体排放，还能带来经济效益和社会效益。国家高度重视林业在应对气候变化中的特殊地位和作用，明确提出要“大力增加森林碳汇”，到2030年森林蓄积量要增加到45亿立方米。

林业碳汇是指通过造林和再造林、森林管理、减少毁林等活动，吸收空气中二氧化碳并与碳汇交易结合的过程、活动和机制。林业碳汇项目常常可以兼具适应和减缓气候变化、促进可持续发展这三重功能。因此，林业碳汇项目受到国际社会的高度关注。推动以林业碳汇为主的生态产品，是实现“绿水青山就是金山银山”的有效途径。林业碳汇作为CCER项目市场的一个类别，与其他项目不同的是，林业碳汇项目具有多重效益，除了保护和发展森林资源的生态效益，还有经济效益和社会效益，是未来30～50年增加碳汇、减少排放的重要措施。通过林业碳汇项目可以增加林农收入，提供大量就业机会，改善生活质量和水平。以北京碳市场为例，截至2016年8月19日，林业碳汇项目已累计实现成交27笔，成交量达到7.2万吨，交易金额266万元，成交均价达到36.57元/吨，成交价格远远高于一般类型的CCER项目。

全球林业碳汇项目主要有包括CDM造林再造林碳汇项目、减少来自毁林和森林退化造成的温室气体排放（REDD）、改进森林管理（IFM）和可持续农业土地利用（包括混农林业和草原管理 SALM）等项目。在国际碳市场的引领下，2011 年 11 月，中国启动了北京、天津、上海、重庆、湖北、广东及深圳七省（直辖市）碳交易试点，七个碳交易市场均为 CCER 林业碳汇项目留下了 5%～10%的空间，即控排企业可以购买年初发放配额的5%～10%的 CCER 林业碳汇进行碳抵消。

我国 CCER 林业碳汇项目的类型主要分为碳汇造林项目、森林经营项目、竹子造林项目和竹林经营项目，具体如图 8-1。

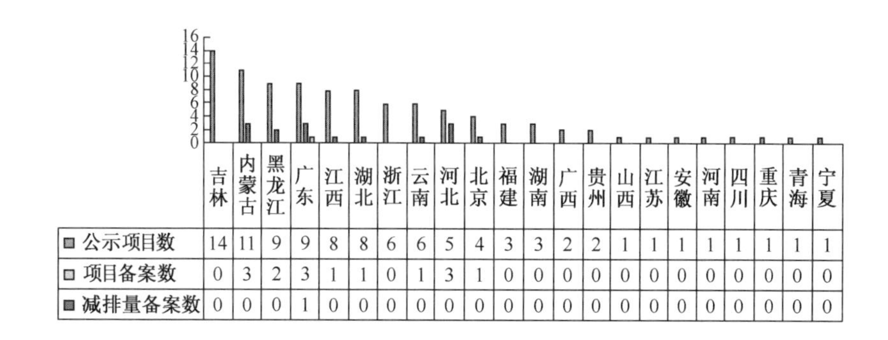

	吉林	内蒙古	黑龙江	广东	江西	湖北	浙江	云南	河北	北京	福建	湖南	广西	贵州	山西	江苏	安徽	河南	四川	重庆	青海	宁夏
公示项目数	14	11	9	9	8	8	6	6	5	4	3	3	2	2	1	1	1	1	1	1	1	1
项目备案数	0	3	2	3	1	1	0	1	3	1	0	0	0	0	0	0	0	0	0	0	0	0
减排量备案数	0	0	0	1	0	0	0	0	0	0	0	0	0	0	0	0	0	0	0	0	0	0

图 8-1 CCER 林业项目地区分布

数据来源：中国自愿减排交易信息平台 http://cdm.ccchina.gov.cn/ccer.aspx

截至 2017 年 7 月 5 日，国家发展和改革委员会备案的 CCER 林业碳汇项目方法学只有四个，即碳汇造林项目方法学 AR-CM-001、竹子造林碳汇项目方法学 AR-CM-002、森林经营项目方法学 AR-CM-003、竹林经营项目方法学 AR-CM-005 和小规模非煤矿区生态修复项目方法学 CM-099。CCER 林业碳汇各个方法学项目数见表 8-2。

表 8-2 林业碳汇 CCER 项目方法学类型

项目类型 方法学		碳汇造林 AR-CM-001	森林经营 AR-CM-003	竹子造林碳汇 AR-CM-002	竹林经营 AR-CM-005	项目数量 合计	减排量 合计
项目阶段	公示项目	66	24	1	5	96	13838062.13
	项目备案	10	1	1	0	12	1459971
	减排量备案	1	0	0	0	1	5208

数据来源：中国自愿减排交易信息平台 http://cdm.ccchina.gov.cn/ccer.aspx。

在中国绿色碳汇基金会的支持下，广东长隆碳汇造林项目作为我国首个获得国家发展和改革委员会签发的林业温室气体自愿减排（CCER）项目，该项目通过植树造林、科学经营森林、保护和恢复森林植被等方式，使得被森林吸收的二氧化碳达到一定标准来达到减排效果。广东翠峰园林绿化有限公司于2011年1月4日起在广东省欠发达地区的宜林荒山实施碳汇造林项目，项目选择荷木、樟树、枫香、山杜英、相思、火力楠、红锥、格木、黎蒴9个树种进行随机混交造林。实际完成造林面积13000亩，与设计造林面积相同，造林密度每亩74株。其中，梅州市五华县4000亩、兴宁市4000亩；河源市紫金县3000亩、东源县2000亩。本项目采用20年固定计入期，计入期为2011年1月1日到2030年12月31日，整个计入期内预计产生减排量为347292万吨，年均减排量约为17365万吨，首期减排量5208吨顺利完成交易，将作为控排企业的履约抵消额。

（三）中国CDM项目开发存在的问题

近年来，全球碳市场上的CDM项目数量突飞猛进，截至2010年10月5日中国的CDM项目数量大约为世界总项目数的41%，预计中国年均CERs产量将占世界总量的61%。

1. 项目总数高增长

自2006年年初以来，正在开发的以及在执行委员会注册的CDM项目数量快速增长。到2008年年底，正在开发的项目数量增长了11倍（从138个增加至1608个）。然而，正在开发的CER数量的快速增长并未传递至执行委员会注册的项目数量统计中。不看项目数量，CER数量也表现出类似的趋势。这表明执行委员会和指定经营实体均存在管理瓶颈。另一方面，项目数量增长率与年度CER数量增长率之间的差异表明，正在开发的CDM项目数量的快速增长是受年度CER数量较小的项目数量增长所驱动。

2. 项目类型不平衡

由于中国的能源结构以煤为主导，中国在煤层气/煤矿瓦斯项目领域具有很大的潜能。项目数量与年度CER数量均有较大增长，在执行委员会注册的项目增长尤为迅猛。然而，正在开发的项目数量之大，表明还有很大的潜能尚待发掘。自2006年年初以来，正在开发的燃料转换和填埋项目数量快速增长。预期在调查期间，这两种项目类型产生的CER数量将翻一番。但是，正在开发的和在执行委员会注册的燃料转换和填埋项目比重均较小。

总之，中国目前的CDM项目主要是风电、水电和能效项目。这三种CDM项目类型占正在开发的项目总量的81.5%，年度CER占CER总量的49%。在执行委员会注册的CDM项目中，这些项目占总量的77%，年度CER量占总量的26.3%。CDM市场快速发展期间正在开发的项目数量与在执行委员会注册的项目数量的对比表明，大量CDM项目在开发过程中遇到困难。随着时间的推移，所谓的“具有快速收益”的项目确实有所减少，而可再生能源和能效领域的项目的相对重要性提高了。项目类型间的这种结构性转移表明，项目规模在缩小，而 CDM 方法学和项目执行变得越来越复杂。

3. 出售价格不合理

CDM 项目以市场化的方式，为各国提供以最低成本实现碳减排的可能。中国作为最大的发展中大国之一，必须尽快地发展经济，提高国民生活水平，与此同时保护环境、守卫地球也是我们的责任。因此，为了在保护环境的同时最大限度地保持经济的快速发展，中国自 CDM 实施起就积极地参与其中。然而，事情并不总是一帆风顺的。随着中国日益深入地参与 CDM 以及学者们对此问题研究的深入，有许多专家提出中国正低价地向发达国家出售碳排放交易权，正处于遭受环境剥削的困境。

2008 年及之前碳排放权二级市场价格在油价泡沫的推动下疯狂高涨，在高预期回报率的吸引下，以及众多的国际炒家进入中国市场，买家采取激进的市场策略，大量购买 CER，市场氛围活跃。

ECX 的资料显示，当时最高的价格为 23 欧元。后来由于受到金融风暴、国际油价跳水以及经济预计不景气的影响，CER 的价格暴跌到了 13 欧元，年均价格为 18 欧元。然而，2008 年年初，宝钢公司就曾以 10 欧元/吨的价格向英国和瑞士公司出售碳排放指标；此前，美国国际集团还曾以 6.5 美元/吨的极低价格向新疆和四川购买指标。江西南昌麦园垃圾填埋场沼气发电 CDM 项目将有 20 年每年 15 万吨的碳减排量，以 7.5 欧元每吨的价格出售给外商（龚震，2009）。在国际 CER 市场高涨时，国内的 CER 价格却没有获得相应的利益，仅为国际市场价格的 38%。国际炒家仅通过包装就获得 73%的利润。在金融风暴的影响下，石油价格下跌，经济面临衰退，预计能源需求减少，还有国际碳排放权价格的暴跌，使以前一哄而上的炒家退出了市场。哥本哈根气候大会结束后，CDM 市场的未来不稳定性增加，上述的因素使得国际 CER 价格在低位徘徊。国际市场的 CER 陷入低迷，接近中国企业实施 CDM 的成本价，使得许多的 CDM 企业获利微薄，或无利可图。

在国际 CER 价格高涨时，中国的 CDM 项目只能获得成本与微利，在其低迷时，中国出售的 CER 更难言获利，国内的 CER 价格始终受国际碳交易市场的摆布，可见中国在 CER 市场上毫无定价权。

二、碳金融市场工具

一般来说，碳金融产品是依托碳配额以及项目减排量两种基础碳资产开发出来的各类金融工具，包括原生工具和衍生工具。衍生工具分为交易工具、融资工具及支持工具等。

(一) 原生工具

原生工具有碳排放配额和核证自愿减排量。碳排放配额是指政策制定者通过初始分配给企业的配额，是目前碳配额交易市场主要的交易对象。如《京都议定书》中的配额 AUU、欧盟排放权交易体系使用的欧盟配额 EUA。核证自愿减排量简称 CER，是清洁发展机制中的特定术语。经联合国执行理事会（EB）签发的 CDM 或 PoAs 项目的减排量，一单位 CER 等同于 1 吨的二氧化碳当量，计算 CER 采用全球变暖潜力系数（GWP）值，把非二氧化碳气体的温室效应转化为同等效应的二氧化碳量。中国核证自愿减排量，简称 CCER，是中国经核证的温室气体自愿减排量。

1. 京都机制下的碳排放权

碳排放权是在《京都议定书》中规定有强制减排任务的国家被授予的可以在大气中进行温室气体一定额度的排放权力。也存在于没有强制减排地区自愿进行减排而参照或类似与《京都议定书》所设的市场化的减排机制或联盟。碳排放权在不同的情况下有不同的名称，其名称表明了其产生的机制、其所属体系及其标准。在京都三机制下的排放贸易机制（ET）下的碳排放权称为“分配数量单位”（Assigned Amount Units， AAUs）；联合履行（JI）机制下的项目减排量称为“减排单位”（Emission Reduction Units，ERUs），指来自 JI 项目的碳信用额；清洁发展机制（CDM）下为“经核证减排量”（Certified Emission Reductions，CERs）指来自 CDM 项目的碳信用额。

2. 区域减排体系下的碳排放权

《京都议定书》规定多个有强制减排任务的国家可加入或组成集团。已经形成的以履行京都议定书所规定的减排任务最大的减排集团是 EU-ETS。欧盟排放配额（EUA）是欧盟碳排放交易体系（EU-ETS） 内部专门的碳信用额类型。

3. 自愿减排权

自愿减排（VER）指不受强制实现的减排。随着京都议定书中 CDM 机制的发展，伴随形成了自愿减排市场。自愿减排市场最先起源于一些团体或个人为自愿抵消其温室气体排放而向减排项目购买减排指标的行为。对项目业主而言，自愿减排市场为那些前期成本过高或其他原因而无法进入 CDM 开发的碳减排项目提供了途径；对买家而言，自愿减排市场为其实现自身的碳中和提供了方便且经济的途径。VER 项目比 CDM 项目减少了部分审批的环节，节省了部分费用、时间和精力，提高了开发的成功率，降低了开发的风险，同时，减排量的交易价格也比 CDM 项目要低，且开发周期要短得多。

（二）衍生工具

衍生工具主要包括交易工具、融资工具和支持工具。交易工具包括碳期货、碳期权、碳掉期和碳远期。融资工具包括碳质押、碳基金、碳信托、碳信贷和碳债券。支持工具包括碳指数和碳保险。

1. 交易工具

碳期货是指以排放权配额及项目减排量为标的资产的期货合约，基本要素包括交易平台、合约规模、保证金制度等，期货的价格发现功能在碳金融市场得到了很好的应用。在EU-ETS流动性最强、交易份额最大的交易产品就是碳期货，据世界银行统计，2009年EU-ETS交易额高达1185亿美元，占全球碳金融市场交易总额的82%，而期货交易以73%的份额占绝对主导地位。

碳期权实质上是一种买卖权，指将来某个时期或确定的某个时间，能够以某个已确定的价格出售或者购买碳排放权指标的权力。根据交易场所，划分期权还可分为场内期权和场外期权。也可分为看涨期权和看跌期权。各类碳排放权均须经过权威部门的核证，如《京都议定书》下的联合执行机制与清洁发展机制下经过项目产生的ERUs与CERs最终须经过CDM执行理事会的审核。

即期碳排放权：当所交易的碳排放权已经经过了规定的权威机构审核，交易后在很短的时间内交割，称该交易的碳排放权标的为即期碳排放权。无论是京都三机制下的AAU、ERU、CER，还是欧盟碳排放交易体系中的EUA，抑或是自愿减排下的VER，均有可能是即期的碳排放权。

远期碳排放权：当所交易的碳排放权还没有经过权威机构审核，无论在其之前的哪一个阶段，在敲定交易后由于交易标的未经核证而不能直接使用，即为远期碳排放权。另一种情况，当所交易的碳排放权已经经过了规定的权威机构审核，交易后的具体标的要经过几个月时间后才交割的碳排放权也称为远期碳排放权。

碳掉期也称碳互换，是以碳排放权为标的物，双方以固定价格确定交易，并约定未来某个时间以当时的市场价格完成与固定价交易对应的反向交易，最终只需对两次交易的差价进行现金结算。

碳远期交易是指买卖双方以合约的方式，约定在未来某一时期以确定价格买卖一定数量配额或项目减排量等碳资产的交易方式。远期交易实际上是现货交易，是现货交易在时间上的延伸，通过碳远期合约，能够帮助碳排放权买卖双方提前锁定碳收益或碳成本。该工具在国际市场的CER交易中已十分成熟，应用非常广泛。

2. 融资工具

碳基金是为参与减排项目或碳市场投资而设立的基金。碳基金主要分为三种类型：狭义碳基金、碳项目机构和正度采购计划，既可以投资于 CCER 项目开发，也可以参与碳配额与项目减排量的二级市场交易。

碳质押是指以碳配额或项目减排量等碳资产作为担保进行的债务融资，举债方将估值后碳资产质押给银行或券商等债权人获得一定折价的融资，到期再通过支付本息解押。碳资产非常适合成为质押贷款的标的物。

碳债券是指政府、企业为筹集碳减排项目资金发行的债券，也可以作为碳资产证券化的一种形式，即以碳配额及减排项目未来收益权等为支持进行的债券型融资。其核心特点是将低碳项目额减排收入与债券利率水平挂钩，通过碳资产与金融产品的嫁接，降低融资成本，实现融资工具的创新。

绿色信贷是国家环保总局、中国人民银行、银监会三部门为了遏制高耗能高污染产业的盲目扩张，于2007 年 7 月 30 日联合提出的一项全新的信贷政策。绿色信贷的本质在于正确处理金融业与可持续发展的关系，是促进节能减排、发展绿色金融的重要市场手段。

3. 支持工具

碳指数是反映碳市场总体价格或某类碳资产的价格变化及走势的指标，是刻画碳交易规模及变化趋势的标尺。中国碳指数采用价格加权平均的方法，权数为各市场发放配额量占总配额量的比例。通过采用加权平均的方法，指数给予配额量更高的权重，其价格的变化对指数的走势有更大的影响。

广州碳排放权交易所 2017 年发布中国碳市场 100 指数。这是首个全国碳市场指数，也是国内首个体现碳市场与股票资本市场联动性的指数。该指数以将纳入全国碳市场管控的八大行业上市公司为样本，综合考虑环境风险信息、碳排放数据、绿色金融产品发行情况及碳排放履约情况等，选定相应的公司纳入成分股，赋予碳排放信息披露权重。

碳保险是为了规避减排项目开发过程中的风险，确保项目减排量按期足额支付的担保工具。它可以降低项目双方的投资风险和违约风险，确保项目投资和交易行为顺利进行。碳保险合同目前可采用定值保险合同形式，从长远来看，当碳保险单独立法时，就可以规定专业评估机构为保险合同关系人适当引入定额保险合同。

三、碳金融市场参与主体

（一）碳资产需求方

1. 强制减排义务参与方

《京都议定书》中的附件 B 规定了有强制减排义务的国家，而中国并不在此列。中国作为发展中国家可以通过 CDM 机制将所产生的 CERs 出售给有强制减排义务的国家。碳资产的需求方是《京都议定书》在其附件 B 中所列明的国家。当有强制减排义务的某一国家不能按期实现减排目标时，可以从拥有超额配额或排放权的国家主要是发展中国家购买一定数量的配额或排放许可证以完成自己的减排目标。同样，在一个国家内部，不能按期实现减排目标的企业也可以从拥有超额配额或排放许可证的企业那里购买一定数量的配额或排放许可证以完成自己的减排目标。

然而，没有强制减排义务的发展中国家面临着日益巨大的减排压力，很有可能目前暂时没有强制减排义务的国家在不久的将来同样有强制减排义务，一旦发展中国家有减排任务，该国家就成了碳资产的需求方。

2. 自愿减排参与方

自愿减排是随着《京都议定书》中 CDM 机制的发展而形成的自愿减排市场。在自愿减排市场，公司、政府、非政府组织或个人为了对自己排放的温室气体进行各种形式的抵偿，力图实现“碳中和”，自愿交易碳信用额。因此，自愿减排参与方一般都是具有社会责任意识的组织或个人，这些组织和个人均可以成为碳资产的需求方。

2010 年 5 月 22 日，美国国务卿希拉里承诺：“美国馆将在世博会期间实现碳中和，成为一座绿色的国家馆。”美国馆因此成为首个承诺实现世博会期间碳中和的国家馆。2010 年 9 月 26 日，美国国家馆携手镁铝基金会宣布兑现碳中和承诺。在众多节能减排项目中，美国馆选择了 3 个中国本土的减排项目，分别为：江苏省垃圾填埋气能源转化项目、甘肃省“径流式”微型水力发电项目和甘肃省风力发电项目，通过购买 8250 吨碳中和额度，中和其世博会 6 个月期间的碳排放。根据相关测算，美国馆在世博会期间的碳排放约为 2000 吨温室气体，包括在世博会期间排放的全部温室气体及铝、铁、水泥、玻璃等主要建筑材料在生产过程中排放的温室气体。美国馆总代表费乐友表示，承诺展现一个绿色的美国馆是我国对上海世博会主题“城市，让生活更美好”作出的积极回应。

（二）碳资产供给方

1. 出售盈余碳配额

同属于有强制减排义务的一方由于经济结构调整、技术进步等原因而在一段时间内实现了实际温室气体减排超过其需要减排的量（所分配的排放权配额），就产生了配额盈余。由于《京都议定书》下的排放权交易机制（ET）允许将所分配的配额进行交易，因此，该配额盈余方即成为碳资产的供应者。

2. 出售项目所得碳排放权

《京都议定书》下的项目交易：

(1) JI 机制下的供给方：发达国家一方以技术和资金投入的方式与另一方发达国家进行合作，实施具有温室气体减排或具有吸收温室气体的项目，当其所实现的温室气体减排或吸收量（以下简称 ERU），转让给投入技术和资金的发达国家缔约方用于履行其在《京都议定书》下的义务，同时从转让这些温室气体减排或吸收量的发达国家“分配数量”（以下简称 AAU）中扣减相应的数量的一方，发达国家则为项目碳排放权的供给方。

(2) CDM 机制下的供给方：供给方是指发达国家以提供资金和技术的方式，参与在没有强制减排权的发展中国家开展的项目减排合作，共同实施该项目而获得经《京都议定书》指定权威机构核证的减排额度，并将项目所得额度出售给发达国家投资方的发展中国家。

非《京都议定书》下的项目交易：其具体形式与 CDM 机制下的项目减排相似，核心之处是减排所依据的标准不同，减排的方法学不相同，核定减排成果的机构与《京都议定书》所规定的机构也并不一致。

(三) 碳排放权市场上的投资者

在碳排放权市场上存在着形形色色的交易者，购买碳排放权的机构有各个发达国家的碳基金，多个发达国家也组成了多边碳基金和各大投资银行。

一般而言，只有拥有巨额资金及有购买碳排放权的个人或机构才可能成为碳资产的需求方，当市场存在套利机会时，拥有大额资金的机构很可能大量买入碳资产以哄抬其价格，对碳排放权进行炒作，这时，这些投机者则是碳资产的需求方。二级市场碳金融工具不断创新，促进了投资基金从碳项目投资中获得巨大利益，投资基金的大量出现和运作对碳金融二级市场的发展起到了推波助澜的作用。

1. 碳减排金融支持需求方

CDM 项目的开发十分复杂，往往需要专业的项目开发商负责，不同项目开发商的规模、所提供的服务范围以及人力资源水平存在很大的差异。此外，很多开发商尤其是大型开发商是多功能的，因为他们能够提供全套的一条龙服务，即从一开始的选项阶段（项目概念书）到最后的项目设计文件的编制、项目开发、监控和评估、审核与 CER 销售全程跟踪项目的全方位服务。

中国的项目开发商包括学术科研机构、各省 CDM 服务中心、大型国企集团新成立的 CDM 项目中心、国内合资 CDM 咨询公司。

无论是碳资产的需求方、发展中国家的 CDM 项目业主，还是 CDM 项目开发商，这几方联合一起开发 CDM 项目，从现代金融业的角度而言，由于开发 CDM 项目是需要有巨额资金支持的，因此上述各方都是碳减排金融支持的需求方。他们需要资金支持其在 CDM 项目开发、文件编写、设备改造、技术研发、资金周转与后勤支持。

2. 碳减排金融支持供给方

碳基金，其担当的角色主要为“碳排放配额中间商”和项目投资人。CDM远期交易的主要投资主体是碳交易基金。1999年，世界银行成立首款针对CDM的原型碳基金。从此，各种类型的基金层出不穷，按发行主体的异同，可分为如下几类。

(1) 世界银行型基金，包括原型碳基金、生物碳基金、社区开发碳基金和伞形基金，其中伞形基金汇集了多方资金来源；

(2) 国家主权基金，如丹麦、荷兰、日本、西班牙、英国和中国等碳基金；

(3) 政府多边合作型基金，如世界银行和欧洲投资银行成立总额高达5000万欧元的泛欧基金，有爱尔兰、卢森堡、葡萄牙等国政府，比利时弗兰芒区政府和挪威一家私营公司共同出资设立；

(4) 金融机构设立的以盈利为目的的基金，如瑞士信托银行、汇丰银行和法国兴业银行共同出资2.58亿美元成立的碳排放交易基金；

(5) 非政府组织管理的基金，如美国碳基金，由企业、州政府和个人募集成立的非营利性基金；

(6) 私募碳基金，如2006年成立的规模为3亿美元的复兴碳基金。

资金需求量大和未来发展前景的高度不确定性是所有碳排放权交易项目的两大主要特点。由此，碳保险市场应运而生，主要有碳担保和碳保理业务。就与CDM相关的碳保理而言，其成员主要由技术出让方、技术购买方和银行等金融机构组成。

投资银行在碳金融活动中主要扮演两个角色：一是作为碳交易市场中的交易标的；二是作为交易中间商直接参与碳交易活动，收购发展中国家CDM项目产生的“经核证的减排量”(Certified Emission Reductions，CERs)，拿到国际市场上转让，获取差价收入。

3. 市场中介机构

(1) CDM服务中心：

在少数情况下，省级CDM中心在成立时正式或非正式地挂靠大学或其他学术机构。例如，山东省CDM项目中心就是由科技委员会与山东师范大学联合设立；山西省空气CDM技术中心与山西省精工镁技术研究所之间存在密切的联系；云南省CDM技术服务中心是云南省科学技术信息研究所的附属单位；等等。除了地方支持外，所有已成立的中心都不同程度地获得了国外机构和国际组织以财务和/或技术援助的形式提供的支持。这些支持是通过与科学技术部和/或国家发展和改革委员会签订的双边与多边合作协议提供的。

省级 CDM 服务中心的法律地位各不相同，取决于其资金来源于 CDM 中心的职能。部分 CDM 服务中心被认为是省级政府单位，大多数中心被认为是咨询机构。一般而言，现有的 CDM 中心可以分为三类，即：政府单位、国家控股公司和私人控股公司 。

CDM 中心的运营实践和活动包括 CDM 相关咨询服务、当地利益相关方的培训和能力建设、以区域政策为导向的研究，以及 CDM 方法学开发。然而，由于 CDM 服务中心在人力资源和与地方政府的互动程度上存在不同，不同地区的咨询服务的活动范围和咨询服务的先进程度也存在很大的差异。

很多省级 CDM 服务中心提供的服务与私人咨询公司类似。虽然 CDM 中心倾向于关注本地区，也有越来越多的中心已经将活动扩大至其他省份，由于大量的中心都是自筹经费，或政府财政不提供全部的经费，其业务活动与其他商业导向型咨询机构的活动相似。

在大多数情况下，这些中心的规模相对较小，功能和技术领域也有限，导致其开发的 CDM 项目数量有限。根据调查，部分 CDM 中心尚未开发任何 CDM 项目。另一方面，也存在一些例外。

此外，一些省级 CDM 服务中心，尤其是人力资源能力强大且在当地具有科技链的服务中心，已经展示了在以下方面的竞争潜力。

(a) 很多省级 CDM 中心已经向能力建设活动投入了大量的资源，涉及私人部门和公共部门的利益相关方。这些活动有利于提高当地企业与决策者的 CDM 意识。

(b) 省级 CDM 中心通过与当地政府的互动，为当地关键行业与能源部门将 CDM 与区域发展的结合发挥着自己的作用。这种作用提高了区域发展从狭隘的基于项目的战略向更具行业导向型的战略转移的可能性。

(c) 虽然私人咨询市场上缺乏对开发 CDM 方法学的激励，一些省级 CDM 中心通过与当地大学与研究机构合作，具备了进行方法学开发的潜能。此外，对当地工业部门的了解及从当地工业部门获得的经验也将加强其提供研究密集型和技术密集型咨询服务的能力。对于纯粹属于私人部门咨询机构的项目开发商，它们与 CDM 中心的关系可以说成是一种竞争，在某些情况下也可以说成是一种合作。开发商的情况各不一样，部分开发商与当地 CDM 中心合作物色项目业主，而其他组织将当地 CDM 中心视为竞争者，选择自行直接寻找项目业主。国外运营商（如一般不与 CDM 中心直接接触，且发现很难了解这些中心的确切作用及其独立性、透明性与公正性的特定购买人）对这些中心的作用和地位确实存在一些疑惑。鉴于 CDM 中心迄今为止的活动和表现，它们似乎具有支持区域政策制定和能力提升的潜能。部分中心已经在这一领域开展了一些工作，如研究如何将国家“节能减排”的政策与 CDM 发展结合起来，朝着更具可持续性的区域发展能源结构的方向研究项目开发。但是，国家协调和支持对这种积极发展的延续极为重要。国际合作被视为区域层面的能力建设与 CDM 发展的重要资源。省级 CDM 中心还可以利用其在方法学开发方面的研究能力发挥自己的作用，这种作用的缺乏是 CDM 市场发展过程中一个严重的瓶颈。综合考虑其优缺点，省级 CDM 中心有能力对提升 CDM 意识发挥关键的、有价值的作用，比如对项目业主进行 CDM 法规、程序、项目管理和监控方面的培训。要实现这个目标，必须做到公正、透明，同时还必须澄清其作用和地位。

(2) 指定经营实体（DOEs）：

在项目审定、注册以及核查核证阶段，需要审定机构和核查核证机构分别对项目的合格性和减排量进行评估和核准，在 CDM 中，这些机构统称为指定经营实体（DOE），即 DOE 是对 CDM 项目进行合格性审定和减排量核查、核证的独立的法人实体。

指定经营实体被授权审定温室气体减排项目并审核/核证其减排量，因其在项目周期中发挥的强制性作用，而成为 CDM 项目周期中的关键利益相关方。中国的指定经营实体都是在 2009 年 1 月前获得资格认证的国际组织，在国内没有设立公司。指定经营实体倾向于覆盖所有的项目类型，审定服务由少数公司控制（表 8-3）。随着正在开发的项目数量的增加，对指定经营实体的服务的需求也在增加，导致项目审批所需的时间更长，待审定的项目出现瓶颈，这使开发商和投资人都感到失望。

表 8-3 指定的经营实体

编号	实体名称	审定的行业	核查与认证的行业
E-0001	Japan Quality Assurance Organization	1,2,3,4,5,6,7,10,,11,12,13	
E-0002	JACO CDM., LTD	1,2,3	1,2,3
E-0003	Det Norske Veritas Certificate AS	1,2,3,4,5,6,7,10,11,12,13,14,15	1,2,3,4,5,6,7,10,11,12,13,14,15
E-0005	TÜV SÜD Industrie Service GmbH (TÜV-SÜD)	1,2,3,4,5,6,7,10,11,12,13,14,15	1,2,3,4,5,6,7,10,11,12,13,15
E-0006	Tohmatsu Evaluation and Certification Organization Co., Ltd. (TECO)	1,2,3	
E-0007	Japan Consulting Institute (JCI)	1,2,13	
E-0009	Bureau Veritas Quality International Holding S.A. (BVQI Holding S.A.)	1,2,3	1,2,3
E-0010	Societe Generale de Surveillance UK Ltd. (SGS)	1,2,3,4,5,6,7,10,11,12,13	1,2,3,4,5,6,7,10,11,12,13,15
E-0011	The Korea Energy Management Corporation (KEMCO)	1	

（续）

编号	实体名称	审定的行业	核查与认证的行业
E-0013	TÜV Rheinland Japan Ltd.（TÜV Rheinland）	1,2,3,13	
E-0014	KPMG Sustainability B.V.（KPMG）	1,2,3,13	
E-0018	British Standards Institution（BSI）	1,2,3	
E-0021	Spanish Association for Standardisation and Certification（AENOR）	1,2,3	1,2,3
E-0022	TuV NORD CERT GmbH	1,2,3,4,5,6,7,10,11,12,13	
E-0023	Lloyds Register Quality Assurance Ltd	1,2,3,4,5,6,7,10,11,12,13	
E-0024	Colombian Institute for Technical Standards and Certification	1,2,3	
E-0025	Korean Foundation for Quality	1,2,3	
E-0029	Pricewaterhouse Coopers- South Africa	1,2,3	

注：1. 能源工业；2. 能源分配；3. 能源需求；4. 制造业；5. 化工行业；6. 建筑行业；7. 交通运输业；8. 矿产品；9. 金属生产；10. 燃料的飞逸性排放；11. 碳卤化合物和六氟化硫的生产和消费生产的飞逸性排放；12. 溶剂的使用；13. 废物处置；14. 造林和再造林；15. 农业。

指定经营实体的缺乏是所有 CDM 利益相关方担心的主要问题，在 2008 年 12 月于波兹南召开的 COP/MOP 4 上，中国代表与其他国家一起，“对项目注册近期出现的延误、CDM 执行委员会要求的提高”表示了关切，并“强调了简化指定经营实体资格认证的必要性”，此外，代表们还统一要求委员会将修订指定经营实体的资格认证流程作为“最重点的工作”来完成，并在 COP/MOP 5 前为解决指定经营实体的违规问题制定政策框架。

(3) 碳权交易所：

交易所主要为参与碳交易和碳金融活动的各方提供碳排放配额转让的公开集中交易平台，以及基于碳排放配额的金融衍生品市场，即包括商品市场和金融市场两个层面。国际范围内有大量的气碳权交易所，其中美国的芝加哥气候交易所是代表。我国在近几年各地均纷纷成立与气候或环境有关的气候交易所，但与国际上的碳排放权交易有本质上区别，我国的气候、环境相关交易所尚无碳排放权交易功能。

(a) 天津排放权交易所：天津排放权交易所是按照《国务院关于天津滨海新区综合配套改革试验总体方案的批复》要求设立的全国第一家综合性环境权益交易机构，是一个利用市场化手段和金融创新方式促进节能减排的国际化交易平台。2008 年 9 月，财政部和环保部颁布《关于同意天津市开展排放权交易综合试点的复函》，交易所承担二级市场建设职责。2009 年 9 月，交易所成为中国人民银行低碳金融实验平台。交易所目前主要致力于开展二氧化硫、化学需氧量和温室气体排放权交易、能效交易及相关咨询服务。

交易所于2008年12月23日完成中国首笔基于互联网的二氧化硫排放权交易，于2009年11月17日完成中国首笔基于规范碳足迹盘查的碳中和交易。2009年9月，交易所启动“企业自愿减排联合行动”，中国石油天然气集团公司、中国华电集团有限公司、中国铝业公司和三星、摩托罗拉、丰田、拉法基等跨国公司在华企业共30多家单位已正式加入，共同设计和制定承诺目标、交易规则和制度，通过多方协作，为国家制定应对气候变化战略和相关产业政策提供创新思路和实证平台。

(b) 芝加哥气候交易所：成立于2003年的芝加哥气候交易所是全球第一个具有法律约束力、基于国际规则的温室气体排放登记、减排和交易平台。各会员自愿参与，它试图借用市场机制来解决温室效应这一日益严重的社会难题。

随着《京都议定书》的签署生效，国际社会对基于弹性减少市场温室气体排放的机制取得了广泛的共识和政治支持。随着国际社会对气候变化的关注和重视，对温室气体减排的呼声将越来越高，对交易的需求也会随之增加，正是在这样的国际背景下，芝加哥气候交易所应运而生。

芝加哥交易所现有会员近200个，分别来自航空、汽车、电力、环境、交通等数十个不同行业。会员分两类：一类是来自企业、城市和其他排放温室气体的各个实体单位，它们必须遵守其承诺的减排目标；另一类是该交易所的参与者。该交易所开展的减排交易项目涉及二氧化碳、甲烷、氧化亚氮、氢氟碳化物、全氟化物和六氟化硫等6种温室气体。

(c) 国际开发类金融机构：此类组织包括国际金融公司、世界银行和亚洲开发银行等。

①世界银行碳金融部门(CFU)：运用经合组织国家政府和企业的资金，向发展中国家和经济转型国家购买以项目为基础的低碳技术，通过购买减少温室气体排放量(CER)额度和转手交易，最终达到降低碳排放的目标。在京都议定书的清洁发展机制(CDM)或联合履行框架内，碳金融部门利用碳基金出资购买CER。碳金融部门采用商业交易合同方式进行减排量CER的交易，记录将定期核实和审计。

②国际金融公司(IFC)：为发展中国家私营部门的低碳项目提供多边贷款和股本融资，设计专门融资方案，通过400多家金融中介机构，为可再生能源开发定制融资和信贷额度提供中小型企业提高能源使用效率、加强公司治理标准等服务，促使中小企业在市场上既实现减排又解决其融资问题。IFC的碳金融机构直接为合格的买卖双方提供碳融资服务，支持私营部门参与碳市场交易，通过碳融资项目的碳信用额度创建碳金融中长期信贷市场。

③国有商业银行：CDM的科技贷款等，担保门槛较高，一般中小企业难以获准。

④中介服务机构：围绕新能源开发、碳素降排和收储技术的开发、CDM 项目的评估、气象指数和碳权价格波动分析等金融中介服务功能欠缺。我国碳银行业务的发展策略及碳经济概念刚形成不久，碳银行的业务流程监督管理尚处于缺板状态，借鉴国外的成熟经验结合我国具体国情积极开展碳银行业务探索之路是最佳的选择：商业银行、投资银行、保险公司等积极响应中央经济工作会议精神落实结构具体部署提升碳金融的产品开发能力应对产业结构调整的要求，商业银行的公司金融结构调整势在必行，项目评估主动靠拢赤道原则开发碳金融为特征的理财产品是公司碳金融项目可持续发展的必由之路。

第三节 碳金融的发展前景

工业部门一直以来都是全球推进节能减排、应对气候变化的主战场。然而随着过去一二十年的不断挖掘，工业部门减排空间已经被高度挤压，进一步实现大幅度减排的难度不断加大、成本快速提升。这样的趋势在发达经济体首先被注意到，进而使需求侧管理，即通过引导民众的生活方式实现节能减排的方式受到了重视。事实上一切生产过程的碳排放，以消费为终结，而消费需求很大程度上决定了生产过程碳排放的基础规模。比如，通过技术改造提升 10%的发电碳效率需要付出极高的成本，但在消费侧，仅仅需要调节空调温度就能够轻松实现家庭能耗下降 10%的目标。因此，碳金融的发展将具有广阔的前景。

一、个人碳交易前景

以碳交易思想为核心发展出来的个人碳金融体系，在 20 世纪 90 年代被提出。个人碳金融包括多种机制，个人碳配额、个人碳信用和碳中和是比较典型的三种。

个人碳配额（Personal Carbon Allowance，PCA）：PAC 机制由英国学者 Mayer Hillman 和 Tina Fawcett 提出，通过向居民发放个人碳配额，并要求其在消费电力、供暖、油品等能源，以及使用公共交通等直接耗能服务时，提交相应的配额量，来控制生活能耗与碳排放的总量。当个人配额用尽时，如果需要继续消费能源或相关产品与服务，就需要向其他居民购买配额；而能源消费量较小、配额有剩余的居民则可以向前者出售配额获利。通过对居民碳配额总量的控制，逐步减少总配额的发放，有望实现较大幅度的减排。

个人碳信用（Personal Carbon Credit，PCC）：通过个人的节能减排行动实现的碳减排量，经过核算和认定后，获得碳信用，并可以在各种相应的场合使用，包括在碳配额市场出售。与个人碳配额不同，碳信用回避了对个人碳排放总量设定限制带来的可行性问题，转而对实现的减排量进行测算。

碳中和（Carbon Offsetting）：由消费者和企业等市场主体主动购买碳配额或者碳信用，并将其注销而不再次出售，从而减少市场碳配额总量的供给，实现碳减排的目的。在碳中和机制中，个人可以扮演两方面的角色：通过个人减排行为提供碳信用，以及作为购买方为碳中和支付费用。这一机制在发达市场的社会责任主体中较为常见。

在以上三种个人碳金融机制中，个人碳配额交易受制于民众接受度、系统复杂性和运行成本等问题，缺乏可行性；而个人碳信用对接产业碳市场同样存在减排量难以准确计量的障碍。自愿性“碳中和”市场将是发展个人碳金融的主要方向。随着全球绿色和可持续发展的共识逐步凝聚，对碳中和的需求也在不断增长。通过购买个人碳信用进行碳中和，因其在宣传推广便利性和理念的先进性等方面存在的优势，正受到越来越多企业和机构的青睐。

随着全球绿色和可持续发展的共识逐步凝聚，对碳中和的需求也在不断增长。相比于从产业碳市场购买碳配额进行碳中和，通过购买个人碳信用进行碳减排在宣传推广方面具有显著的优势。一方面，个人碳信用所覆盖的人群为终端消费者，因此在宣传的渠道上具有天然的优势；另一方面，通过引导个人消费和生活行为的转型，推动个人减碳，在理念上更先进且更易获得消费者和社会民众的认同。因此通过个人碳信用进行碳中和，正受到越来越多直接面对消费者的终端消费品和服务部门的青睐。

2016 年 8 月 27 日，阿里旗下的蚂蚁金服为支付宝平台的 4.5 亿用户开通了个人“碳账户”，用于度量用户一些日常活动的碳减排量，并以种植虚拟树的游戏形式吸引用户积极参与，引导其形成绿色生活、绿色消费、绿色出行和主动节能减排的习惯。而蚂蚁金服则将根据用户积累的减排量，在阿拉善种植真树。截至 2017 年 4 月底，蚂蚁森林用户已累计减排 67 万吨，845 万棵梭梭树正陆续被种下。作为目前全球最大的个人碳账户平台，蚂蚁金服的碳账户有望结合支付宝个人消费大数据，开发创新性的，更加公平、客观、准确和透明的个人碳信用核算方法，为个人碳信用体系的建设提供基础条件。

二、碳市场的发展前景

与期货、金融等成熟市场不同，碳交易市场在国际上历史短暂、且成功的案例并不多，对于中国能参考借鉴的经验十分有限。尽管目前的七个试点碳市场还处于发展的早期阶段，但国内外都对未来全国统一碳市场的发展抱有高度期待，期望它能够充分发挥合理为碳定价、引导清洁能源投资、促进低碳产业发展等功能，同时为引领国际低碳产业合作、共同应对全球气候变化发挥重要作用。为了实现这些目标，未来的中国碳市场应该且将会发展成为一个一体化、金融化和国际化的碳市场。

就国内碳金融的发展潜力而言，据有关专家测算，2012 年以前我国通过 CDM 项目减排额的转让可达数十亿美元收益。为此，中国已经被许多国家看做是最具潜力的减排市场。那么，依托 CDM 的“碳金融”在我国应该有非常广阔的发展空间，并蕴藏着巨大商机。由于目前我国碳排放权交易的主要类型是基于项目的交易，因此，在我国“碳金融”更多的是指依托 CDM 的金融活动。随着越来越多中国企业积极参与碳交易活动，中国的“碳金融”市场潜力更加巨大。但国内碳金融也存在如下劣势：①金融业介入较浅。中国碳金融市场起步较晚，CDM 项目从 2005 年随着国际碳交易市场的兴起才进入中国，在我国传播的时间有限，国内许多企业还没有认识到其中蕴藏着巨大商机。②中介市场发育不完全。③专业人才稀缺。④我国在国际碳交易市场上缺少定价优势。目前全球共有四个碳交易所，全为发达国家所主导；监测及信用体系不健全。我国碳金融已取得初步进展，我国是被许多国家看作是最具潜力的减排市场。在发达国家，温室气体的减排成本在 100 美元/吨碳以上，而在中国，减排成本可降至 20 美元/吨。这种巨大的减排成本差异，促使发达国家的企业积极进入中国寻找合作项目。尽管我国在温室气体减排角色的不同会带来我国碳金融业务模式的相应改变，但是我国碳金融发展潜力和市场规模巨大的基本事实不会改变，对于我国的金融机构来说，这就意味着巨大的市场空间和业务发展空间。

通过借鉴国际碳金融市场，结合我国七省（直辖市）碳交易试点现行发展，展望未来，国内碳市场很可能呈现四个特点，即全国统一的、期现一体的、金融化和国际化的碳市场，具体展望如下。

（一）一体化的碳市场

一体化的碳市场指超越试点碳市场的割裂分散状态，最终实现碳市场的高度集中和统一，释放中国碳市场的规模潜力，真正发挥碳价信号的引导作用。形成一体化碳市场的原因首先在于公平性。在配额分配、交易规则、价格水平及违约处罚等实现全国统一，将有助于消除地方保护主义，增强碳市场对各类主体的公平性和透明度。其次是经济性。有利于减少交易平台的同质竞争，增强流动性，降低各类主体的交易成本，吸引更多金融机构参与进来，形成市场的规模化效应。最后是有效性。有利于形成全国统一的碳价信号，消除碳泄漏风险。对于实现一体化碳市场的建议是实现“五统一”。即在公共基础设施及规则方面统一接口、统一标准。根据国家发改委对全国统一碳市场建设的工作部署，2016～2019 年为第一阶段，将在“五统一”原则下开展碳排放权交易，包括统一的注册登记平台、MRV 规则、履约规则、配额分配方法、第三方核查机构以及交易机构资质要求和监管办法，这是全国碳市场打破区域分割实现一体化的重要基础。市场整合集中。从欧盟碳市场的经验来看，交易平台的整合集中是市场发展的必然趋势。目前设计的全国 9 家交易平台未来也将会通过市场整合，使交易量逐步集中到少数几家枢纽平台，形成全国中心市场和规模化交易。市场集中度的提高，才是一体化的深度实现。

（二）金融化的碳市场

金融化的碳市场主要有两个显性指标，一是规模化交易产品中的金融工具的占比，二是参与主体中金融投资机构的占比。两个指标越高，说明碳市场的金融化程度越高。原因主要有以下几点：①发现价格。碳现货交易只能发现当前价格，碳期货、碳远期等金融交易产品则可以帮助发现和形成未来的碳价格，引导市场预期。②管理风险。碳期货等金融交易工具可以帮助参与者锁定未来的碳价，对冲市场波动风险。③提高流动性。金融化交易工具可以吸引金融投资机构深度参与碳市场交易，扩大交易规模，提高市场流动性。④引导投资。碳价信号通过交易工具和融资工具被金融市场接收后，可以影响资金配置，引导资金更多流向节能减排和低碳产业。针对碳市场金融的具体建议如下：松绑交易方式。给予碳交易机构在交易方式与清算交付方面更大的灵活性，逐步允许其向目前金融市场的主流交易方式靠拢；扩大金融机构参与。吸引更多投资机构参与碳金融市场交易，吸引更多金融机构扩大碳资产融资服务；启动碳期货试点。在条件成熟时开展碳期货试点及交易，碳期货交易的导入，将是碳金融市场建设的决定性一步，也是金融化的关键指标；发展场外交易。通过场外市场推进大宗交易及碳衍生品交易，实现碳价与能源价格的联动。

（三）国际化的碳市场

国际化的碳市场是指中国碳价信号在国际碳定价方面的权威程度，亦指中国碳金融市场与国际碳金融市场的连接程度。将碳市场国际化的主要原因有：首先可以参与全球气候治理。各主要经济体都越来越倚重通过市场机制应对气候变化这个全球性挑战，碳市场作为全球气候治理的重要环节，国际化程度高低直接决定其影响力大小；其次可以形成权威的中国碳价。无论是作为全球最大 CDM 供应国，还是作为各类大宗商品的主要需求方，中国在定价方面都一直没有什么话语权。目前世界银行等机构开始推动全球碳定价，如果没有形成权威的中国碳价，将会像过去那样被别人定价；此外还能促进绿色金融国际合作。碳交易的国际认知度很高，碳市场的国际化可以成为推进绿色金融国际合作的重要桥梁。为此我们提出以下建议：首要任务是掌握关键要素。国际化包括几个关键要素：参与主体，主要包括中外双方的控排主体、项目所有者及投资机构；交易对象，主要包括中外双方的碳配额及项目减排量；涉及区域，可能包括东北亚的中日韩、“一带一路”沿线国家、南南合作框架下的其他发展中国家、欧美发达国家等几个不同层面；向度，指综合上述三个因素后形成的国际化方向，包括单向和双向两个向度，比如中国 CDM 向 EU-ETS 的输出就属于单向国际化，而加拿大的魁北克与美国加利福尼亚州的碳配额互认则属于双向国际化。此外要做好中国碳机能市场发展的潜在路径选择。中国碳金融市场的国际化，由易到难可以包括以下潜在选项：允许境外投资机构参与中国碳市场交易；允许“一带一路”及南南合作框架下的发展中国家经认可的项目减排量纳入中国碳市场的抵消机制；实现中国碳市场与哈萨克斯坦等“一带一路”国家碳市场的碳配额互认；推动中国经认可的项目减排量纳入日韩等东北亚区域及欧美等发达碳市场的抵消机制；实现中国碳市场与日韩碳市场的碳配额互认；实现中国碳市场与欧美碳市场的碳配额互认。

总之，发展碳金融是中国紧跟国际市场发展步伐的必然选择，有助于提高我国在国际碳交易市场的话语权。构建一个成熟、完善的碳金融体系可以促进我国相关企业和项目迅速涉足国际碳交易市场领域，实现与国际买家的有效对接，进而改变我国在国际市场上的不利地位，以此顺应世界低碳经济发展的总趋势。

三、中国 CDM 产业链的发展前景

方建春在其博士论文《资源性商品国际市场竞争策略研究——以石油市场为例》中，提出了“中国大市场悖论”的命题，该命题是指随着中国经济增长，中国渐渐形成了许多资源性商品的主要进口方和另外许多资源性商品的主要出口方。然而，由“中国供给”和“中国需求”构成的“中国因素”不仅没有带来与市场份额相匹配的利益，反而使中国蒙受了巨大的损失，这与传统的国际经济理论相悖。

碳排放权已成为受《京都议定书》制约的国家企业所必需的资源，中国是世界上最大的 CERs 出售国，然而，中国却没有与其市场份额相匹配的定价权。定价权在碳排放交易上的缺失，使中国参与 CDM 的企业仅仅获得微薄利润，而国际中介从中国企业手中买入，到欧洲市场一转手，就可获得丰厚的

收益。

中国暂时没有碳减排责任，国内有许多低成本、高收益的减排项目。目前，国外机构只是单一的信息管理投入，新技术应用基本为零，通过收购减排量可获得丰厚的收益，因此，目前沼气发电、风电、水电等是发达国家投资机构在我国开展 CDM 项目最活跃，资金最集中的领域。而工厂节能改造、新技术引进与应用、城市节能等技术改造型的 CDM 项目非常少，这些领域恰恰是目前我国最需要技术支持的领域（经济参考报，2009）。在将来，当中国面临碳减排责任，而在此之前的低成本、高收益减排项目全被开发完毕，那么，届时中国在碳减排上的投入将比今天从 CDM 上获得的利益多得多。因此，中国必须及早地解决在碳减排交易中丧失定价权这一严峻问题。

就目前而言，由于中国没有碳减排任务，CERS 最终买家都属于外国。因此，我国 CDM 项目领域没有自己的中间投资商。按照国际经验，二氧化碳等温室气体已经成为一种金融投资工具，必须有银行、期货、基金等金融机构的广泛参与。在我国，受专业等因素限制，除少数金融机构外，相关金融机构参与度很低，导致企业业主在开展 CDM 项目时出现融资难等问题，缺少融资中介。 由于，CDM 项目复杂，流程长、涉时久，参与方多，买方、中间商均为外国人，各种信息很不畅通，对人员的素质要求较高，而国内许多的项目设计中介机构资质参差不齐。东道国政府参与项目的审批和相关法律法规的制定。在联合国注册的经营实体中，中国只有一家，导致相关信息不畅。一个执行理事会对全球所有的 CDM 候选项目进行审批，存在效率问题。

在发达国家方面，碳交易已形成了相当完整的产业链。就 CDM 项目而言，政府多边基金、政府基金、CERs 中间商为了购得 CERs 在全世界范围内寻找 CDM 项目。同时，有许多的国际金融集团为 CDM 项目进行融资，CDM 项目方案设计中介也是不可或缺的。购得 CERs 之后在交易所上出售，在此过程中，发达国家买方对 CDM 项目十分了解，加上金融机构为其融资以降低交易风险和成本，资质高的项目设计方为其提供优质的方案，健全的碳交易所为其出售 CERs 提供了很方便的途径。这就是中国 CERs 卖不上高价钱在产业链层面的原因。

由于上述种种原因，我国的 CDM 项目所产生的 CERs，并不能直接向发达国家最终购买者出售，还需要借助上面提到的中介。那么，我们在这里可以将中介视为经销商，并且是十分有市场势力的经销商。接着，我们假定市场上仅有一个垄断经销商的情况，对其进行价格分析，分析在这种情况下，经销商是如何夺去垄断利润的，以期用微观经济学价格分析的方法论证中国 CERs 贱卖的产业结构根源（图 8–2）。

在图 8–2 中：D_R——最终购买者需求量；

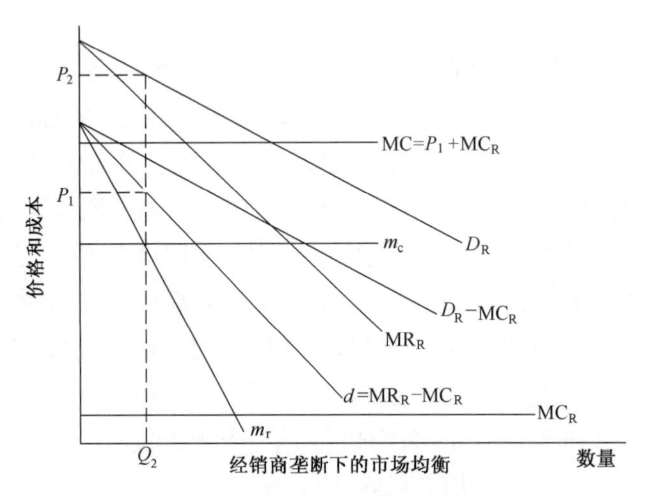

图 8-2 经销商垄断下的市场均衡

MC_R——经销商（在此是交易中介）的边际销售成本；

MC——经销商（在此是交易中介）的边际成本，且 $MC=P_1+MC_R$；

MR_R——经销商（在此是交易中介）的边际收入；

P_2——经销商（在此是交易中介）的零售价；

m_r——产成品厂商（在此是 CDM 项目企业）的边际价格；

m_c——产成品厂商（在此是 CDM 项目企业）的边际成本；

P_1——产成品厂商（在此是 CDM 项目企业）售给经销商的产品价格。

我们先看产成品厂商（在此是 CDM 项目企业）的情况，根据利润最大化的要求，产成品厂商（在此是 CDM 项目企业）会使自己的 $m_c=m_r$，故产量为 Q_2，价格为在 P_2，下对应引致需求 d 所对应的 P_1，利润=（P_1-m_c）Q_2。

再看垄断的经销商（在此是交易中介），$MC= MC_R+ P_1$，MR_R-MC_R 是经销商（在此是交易中介）的净边际收入（当经销商市场是完全竞争的时候，则 $MR_R-MC_R=D_R-MC_R$），根据利润最大化的要求，经销商会（在此是交易中介）使 $MC_R+P_1=MR_R$，因此对应 Q_2 的需求量，经销商（在此是交易中介）的售价为 P_2（P_2 是需求量为 Q_2 时，消费者愿意支付的价格，由 D_R 推得），所以经销商（在此是交易中介）的利润=（P_2-MC）Q_2。

从上图我们可看到对于产成品厂商（在此是 CDM 项目企业）有着很高的边际成本（m_c），但是由于经销商处于垄断地位，其所获利润仅是（P_1-m_c）Q_2，十分微薄。然而，对于有垄断力量的经销商来说，其边际成本仅为 MRR，仅仅投入少量的资源就获得了大幅的利润（P_2-MC）Q_2。

为了打破上述的困境，本文提出了从改变产业链，进而调整各方市场势力的方法来改变中国 CERs 低价出售的现状。

可以利用纵向一体化理论来解决这个问题。上述分析指出中国在 CER 市场上处于微利的状况，是由于缺乏国内的 CDM 交易中间商。为此，政府方面应该大力扶持 CDM 项目中介的发展；而有实力的 CDM 开发商可以借鉴印度的“单边模式”，即 CDM 项目实施方自己投资自己的 CDM 项目，将所得的 CER 再在适当的时机出售。这样就将中间商的利润转为国内 CDM 实施方的利润了。当然，这样的项目将涉及大量的专业知识且需要专业的咨询业务来支持，项目所需的大量资金也需要专门配套的金融支持，将所得的 CER 转手，也需要相应的 CER 渠道。为了促进国内 CER 交易中介的发展，就 CDM 项目的专业咨询业务而言，政府、金融机构与学术界应对其进行大力的支持，涉及 CDM 项目的政府部门要提高效率，产业政策方面要对该产业予以适当的扶持，相关部门应该及时地传递相关信息，金融机构应该时刻关注并把握碳排放市场对金融业的需求，政府部门也应研究让金融机构参与碳排放交易市场的规则制度，学术机构应该更加快速地将其研究成果向产业转化，并且研究应更加接近 CDM 产业所面临的实际问题。上述的建议其实就是 CDM 中介机构获得丰厚收益的边际成本 MCR。但是，由于中国是发展中国家，上述各项支持有待提高，因此外部性较大，各方还没有意识到，真正实现还需要全社会的支持，而且也需要一定的时间。

CDM 项目由于实施周期十分长，一般为双边谈判，信息保密性强，特别是价格条款，外部人很难获得。而且，对于很多的 CDM 项目实施方企业而言，CDM 项目通常为一次性合作。因此，在 CDM 项目价格上的合作，减少价格战的发生很难，一次性意味着一旦有厂商背叛，率先降价，它就卖出 CER 并离场了，很难对其进行报复。因此，恶性竞争的现象难以遏止。

为了扭转这一状况，鉴于中国 CER 市场的结构为寡头型，以及企业实行 CDM 项目碳减排量的大小，是由其原来的规模决定的，而且一般不能作出增产的决定，因此通过控制自身产量来控制其 CER 价格的传统垄断方法行不通。因此，只能通过几个寡头厂商的合作，以防止价格战。由于寡头们的数量多，议价权也相对较高，将市场价格维持在较高水平对他们更有吸引力。而市场中其他的小型参与者 CER 的产量很少，其地位决定其只能跟随寡头们所得出的价格。相应机制具体如下：

CDM 价格领导商业机制：价格领导是指一行业的价格变化总是由一厂商率先做出的，然后这个变化马上被其他厂商所采纳。价格领导解决了合谋价格的问题。领导者的价格就是合谋的价格。在晴雨式的价格领导中，一家厂商宣布价格，这个厂商不必是行业中最大的，只要正确反映供求就会被其他厂商接受。在 CDM 碳排放权交易下，CDM 交易项目完成后，向社会公布其价格。虽然不同的CDM项目最终产生的是CERs，但是不同项目都面临不同的技术需求、付款条件、交货方式以及不同的风险，因此，投资方会综合考虑整个项目再给出付款条件。价格会有所不同，但由于CERs是一样的，因此，各CDM项目的价格也会是高度相关的，因此，只要第一个CDM项目的价格条件谈好，其余的项目也不会相差太远。

CDM行业协会商业机制：行业协会是最常见的明确合谋手段。运用在CDM项目中，各有意实行CDM项目的企业，可按相同的方法论和地理位置相邻而形成一个行业协会，基于相同的方法论，有着相同的碳排放技术需求，面临相同的风险。因此，成本和价格也是相差无几的。地理位置相邻则有助于彼此间的信息交流，也方便项目的实行。由此而形成的CDM协会，组建一个谈判团与买家谈判，以增强中方的谈判地位，进而获得较好的价格。

促进碳排放权交易市场的加快建设，是促进国内CDM项目的关键。随着环保意识的提高，CER市场的发展，国家环保政策的调整，以及国内CDM产业结构会进行调整，上述的情况会慢慢得到改善，国内的相关咨询机构、中介机构、金融支持机构以及行业协作会出现，完整的CDM产业结构将产生。但是，CER的最终需求方目前不在国内，而CER的流通渠道，即CER交易所目前被发达国家所把持。那么，在国内的CDM产业链形成后，许多国内投资方持有CER的机会将增加。这时，CER的流通渠道是否畅通显得极为重要，CER的流动性事关企业的获利机会。此外，中国建设自己的碳减排交易所，有利于CER行业中处于寡占地位的厂商更好地发挥其领导价格作用，激活国内的“碳基金”参与碳排放权的投资，一个透明的交易所也有利于处于弱势地位的厂商联合一起，集体“上市”，促进国内CER市场的有序竞争，价格也将合理反映其真正价值。

四、商业银行开展碳金融业务的前景

目前，商业银行参与碳金融活动主要有两个方式：一个是与授信相关的传统业务，另一个是为碳交易提供中介服务，即商业银行凭借其广泛的客户基础和交易网络，为碳交易各方提供代理服务，获取中间业务收入，有的甚至参与碳排放配额的交易，成为交易中间商。

（一）国内外商业银行开展碳金融业务现状

1. 国外商业银行以多种形式参与碳金融业务

目前，商业银行参与碳金融活动的形式主要有：①以中间商的角色直接参与交易活动。荷兰银行是这一类型的代表。②向交易各方提供项目融资支持以及流动性支持。如美国银行为芝加哥气候交易所、芝加哥气候期货交易所和欧洲气候交易所提供流动性支持，花旗银行和汇丰银行在我国开展节能减排项目投融资业务。③设计开发挂钩碳交易标的的理财产品。如荷兰银行与德国德雷斯顿银行于2007年推出了追踪欧盟排碳配额期货的零售产品。④与交易所进行合作。美国银行是芝加哥气候交易所（CCX）的会员，该银行以战略投资者身份出资1000万美元与芝加哥气候交易所和欧洲气候交易所的控股股东——气候交易公司成立了一家合资机构，进行与碳排放权相关的金融产品和服务的开发。

2. 国内商业银行在碳金融业务中的探索

我国商业银行在碳金融实践中的探索，主要集中在CDM项目融资上。兴业银行是这一领域的代表。目前，该行已经开发并成功运作了7种节能减排业务模式，包括以CERs收入作为还款来源的碳金融模式、企业节能技改贷款模式、节能服务商模式、融资租赁公司模式、买方信贷模式、能效设备供应商增产模式和公用事业服务商模式。其中，以CERs收入作为还款来源的碳金融模式为国内首创。截至2009年3月，该行34家分行全部发放了节能减排项目贷款业务，共支持节能减排项目91个，融资金额共计35.34亿元。此外，中国农业银行、中国民生银行和上海浦东发展银行等也较早地开展基于CDM的项目融资业务。除CDM项目融资外，部分商业银行推出了挂钩碳排放权的理财产品。如2007年，深圳发展银行和中国银行相继推出了挂钩二氧化碳碳排放配额期货合同的个人理财产品。最近，上海浦东发展银行在碳交易中介平台上有所创新。2009年7月，浦发银行在国内银行界率先以独家财务顾问方式，为陕西两个装机容量合计近7万千瓦的水电项目成功引进CDM开发和交易专业机构，并为项目业主争取到具有竞争力的交易价格，每年至少为项目业主带来约160万欧元的额外出售碳排放权收入。

（二）我国商业银行在碳金融领域的业务机遇

授信业务。商业银行可以向项目业主方提供基于CDM的项目贷款（包括传统的项目资产抵押和创新的收益权质押）及流动资金贷款；向交易所机构提供流动性支持；向碳排放配额的买家提供流动性支持等。

中间业务。在中间业务上，商业银行可拓展的业务领域比较广泛。一是开发设计与“碳排放”概念相关的本外币理财产品；二是作为项目财务顾问，凭借信息和渠道优势，协调各方关系、撮合交易成功；三是作为基金托管人，为国内外碳基金提供资金监控和交易结算的托管服务；四是融资租赁，通过银行属下或合作的金融租赁公司，为风电、水电等CDM项目提供项目融资方案。五是结算业务。碳交易活动通常涉及资金在参与主体之间的跨境转移，商业银行凭借自身强大的交易结算体系，可以帮助客户实现资金的高效而安全收付。

如国际碳基金公司对资金的全球调拨，碳交易所市场的资金清算等。

（三）我国商业银行开展碳金融业务的重要意义

我国碳金融市场的发展前景十分广阔，预示着巨大的金融需求和盈利商机。总体而言，我国商业银行目前开展碳金融业务有以下几个方面的重要意义。

（1）促进中国经济的健康发展，体现商业银行的绿色金融经营理念和推动可持续经济发展的社会责任。商业银行将信贷资金投向符合国家绿色环保政策的领域和行业，支持节能减排技术和项目的引进，是顺应国际经济发展“低排放、低能耗、低污染”新潮流的必然选择。

（2）有利于树立良好的社会形象。碳金融业务与我国商业银行已经开展的“绿色信贷”是相辅相成的，而且与“绿色信贷”相比，碳金融业务的社会效益具有更客观的衡量标准和更坚实的制度保障。

（3）有利于推动商业银行经营战略转型和收入结构优化。CDM 项目中蕴藏着对金融中介服务巨大的需求，商业银行通过提供创新的项目融资、金融租赁、财务顾问、资金账户管理、基金托管等业务，可以拓宽中间业务收入来源，逐步优化商业银行的业务和收入结构。

（4）有利于商业银行的可持续发展。碳金融作为一项全新的业务，客观要求商业银行创新业务运作模式、金融产品服务和风险管理方式，加强人才队伍的建设和储备，因而促进了商业银行创新能力和可持续发展能力的提升。

（5）有利于提升我国商业银行的国际竞争力。碳金融业务的开展，加强了我国商业银行与众多国际金融机构和专业组织的合作，提升了参与国际金融市场的能力，促使商业银行加快国际化经营的步伐。

参 考 文 献

[1] 安国俊,张宣传,柴麒敏,等. 国内外绿色基金发展研究[M]. 北京:中国金融出版社,2018.

[2] 安国俊. 绿色基金发展的国际借鉴[J]. 中国金融,2016(16):30-32.

[3] 白璐. 我国碳交易市场机制及碳金融发展前景初探[J]. 东方企业文化,2013(01):209.

[4] 陈彩霞,吴慧. 环境强制责任保险制度的推行[J]. 法制与社会,2010(1)38-39.

[5] 陈洪涛,刘浩. 技术创新收获绿色产品,构建环保网络[J]. 通信世界,2008(08):66.

[6] 陈丽荣,曹玉昆,朱震锋,等. 企业购买林业碳汇指标意愿的影响因素分析[J]. 林业经济问题,2016,36(03):276-281.

[7] 程凯, 许传华. 碳金融风险监管的国际经验[J]. 湖北经济学院学报（人文社会科学版）, 2018（10）: 12.

[8] 丛静, 冯敏. 碳金融模式下的风险分析研究[J]. 经济研究导刊, 2018（34）: 36.

[9] 丁丁. 中国碳金融市场研究[D]. 合服:安徽大学,2012.

[10] 丁玉梅,刘应元. 发展碳金融 促进低碳经济[J]. 武汉金融,2010,(12):18-19.

[11] 董玉华. 碳金融对商业银行的启示[J]. 环境经济, 2009, 3(1).

[12] 杜莉, 孙兆东, 汪蓉. 中国区域碳金融交易价格及市场风险分析[J]. 武汉大学学报（哲学社会科学版）, 2015（2）: 11.

[13] 杜莉, 张云. 如何在碳金融交易中合理界定政府与市场的关系?——理论与实证![J]. 吉林大学社会科学学报, 2015, 55(1): 66-73.

[14] 冨田秀实,贾志洁. 日本社会责任投资评价标准催生责任投资影响力[J]. WTO 经济导刊,2009(11):37-38.

[15] 高国华. 国开行开创"绿色金融"服务新模式[N]. 金融时报,2016-10-26.

[16] 高清霞, 王谦. 新常态下我国商业银行碳金融业务发展对策探究[J]. 环境与可持续发展, 2015（4）: 7-9.

[17] 龚震. 心忧碳贱缘"衣单"——我国碳交易机制亟待完善[J]. 大经贸,2009(11):92-93.

[18] 郭雨歌. 环境责任强制保险发展面临的困境及对策研究[D]. 上海:华东政法大学,2015.

[19] 国家开发银行. 可持续发展报告[R/OL]. http://www.cdb.com.cn/bgxz/kcxfzbg1/kcx2017/.

[20] 韩国文,陆菊春. 碳金融研究及其评价[J]. 武汉大学学报(哲学社会科学版),2014,67(02):87-93.

[21] 郝天杨. 论我国环境责任保险制度的构建[D]. 成都:西南财经大学,2008.

[22] 郝晓明. 碳金融体系的国际比较研究[D]. 太原:山西财经大学,2014.

[23] 贺丽健. 国外绿色信贷实务发展及对我国启示研究[D]. 石家庄:河北经贸大学, 2017.
[24] 胡玲玲. 低碳经济背景下我国碳金融工具的创新与应用[J]. 对外经贸实务, 2016 (1): 55-58.
[25] 蒋华雄, 谢双玉. 国外绿色投资基金的发展现状及其对中国的启示[J]. 兰州商学院学报, 2012, 28(5): 95-101.
[26] 蒋莉. 美国环保超级基金制度及其实施[J]. 油气田环境保护, 2005, 15(1).
[27] 解洪业,郭沛源. 构建中国的绿色投资者网络[J]. 金融博览(财富),2015(03):54-56.
[28] 剧宇宏. 绿色经济条件下我国企业社会责任的实现[J]. 河南社会科学,2012,20(08):35-36.
[29] 李春晓. 欧美碳金融市场发展分析[D]. 长春:吉林大学,2012.
[30] 李锦,马慧. 宁夏设立10亿元环保产业基金[N]. 宁夏日报,2017-03-31.
[31] 李卢霞, 黄旭. 低碳金融模式研究: 实践考察与战略思考[J]. 金融论坛, 2010, 10: 19-27.
[32] 李怒云,龚亚珍,章升东. 林业碳汇项目的三重功能分析[J]. 世界林业研究,2006(03):1-5.
[33] 李怒云,袁金鸿. 林业碳汇自愿交易的中国样本——创建碳汇交易体系实现生态产品货币化[J]. 林业资源管理,2015(05):1-7.
[34] 李清芬. 社会责任基金:海外发展及其在中国的前景[J]. 证券市场导报,2002(12):4-11.
[35] 李若愚. 我国绿色金融发展现状及政策建议[J]. 宏观经济管理, 2016, 1: 58-60.
[36] 李思华. 论我国环境责任保险制度——以渤海溢油事故为切入点[J]. 安徽农业科学,2013(9):4026-4028.
[37] 李涛. 华宝绿色主题基金逆势获热捧[N]. 中华工商时报,2018-08-10.
[38] 李溪. 国外绿色金融政策及其借鉴[J]. 苏州大学学报(哲学社会科学版),2011,32(06):134-137.
[39] 李小娟. 我国碳金融的发展现状及对策研究[J]. 时代金融, 2016 (21): 155-156.
[40] 李晓西,夏光. 中国绿色金融报告2014[M]. 北京:中国金融出版社,2014.
[41] 李啸川. 论我国环境污染责任强制保险制度[J]. 保险职业学院报,2008(4):68-75.
[42] 联合国环境规划署金融行动机构北美工作组. 绿色金融产品和服务——北美市场目前趋势和未来机遇[R/OL]. https://doc.mbalib.com/view/3f1dcc39c11f1f395eb5743350831b03.html.
[43] 林立. 低碳经济背景下国际碳金融市场发展及风险研究[J]. 当代财经, 2012, 2: 51-58.
[44] 刘佳骏, 汪川. 国外碳金融体系运行经验借鉴与中国制度安排[J]. 全球化, 2016 (3): 80-91.
[45] 龙淑娟. 我国同主要发达国家商业银行绿色信贷比较研究[D]. 北京:外交学院, 2016.
[46] 卢琦,万婧,葛菁等. 青云创投可持续技术白皮书2017[R/OL]. [2017-06-24] http://www.tsingcapital.com.cn/index.php?c=message&a=type&tid=51.
[47] 吕林根. 我国低碳金融发展中存在的问题及对策[J]. 财务与金融, 2015, 6.
[48] 绿色金融工作小组. 构建中国绿色金融体系[M]. 北京:中国金融出版社,2015.
[49] 马骏,施娱. 绿色金融政策和在中国的运用[J]. 新金融评论,2014(02):79-107.
[50] 马骏. 构建绿色金融的理论框架[J]. 金融市场研究,2016(02):2-8.
[51] 马骏. 绿色金融:中国与G20[J]. 海外投资与出口信贷,2016(06):3-10.
[52] 马骏. 绿色金融体系的目标与框架[J]. 中国金融,2015
[53] 马骏. 论构建中国绿色金融体系[J]. 金融论坛,2015,20(05):18-27.
[54] 马骏. "十三五"时期绿色金融发展十大领域[J]. 中国银行业,2016(01):22-24.
[55] 马骏. 中国绿色金融的发展与前景[J]. 经济社会体制比较,2016(06):25-32
[56] 马骏. 中国绿色金融展望[J]. 中国金融,2016(16):20-22.
[57] 梅晓红, 许崇正. 中国碳金融体系构建问题的研究[J]. 经济问题探索, 2015, 10: 89-96.

[58] 孟早明．中国碳排放权交易实务[M]．北京:化学工业出版社,2017.
[59] 内蒙古自治区人民政府办公厅．内蒙古自治区人民政府办公厅关于印发环保基金设立方案的通知[EB/OL]．[2016-01-29]．http://www.nmg.gov.cn/art/2016/1/29/art_1686_138196.html.
[60] 祁慧娟．我国商业银行碳金融发展现状及挑战[J]．时代金融，2018（15）：57.
[61] 余孝云，何斯征，姚烨彬，等．中国碳金融市场现状[J]．能源与环境，2017（1）：50-51.
[62] 申文奇．欧盟碳金融市场发展研究[D]．长春:吉林大学,2011.
[63] 司徒秋玲，徐烨．商业银行参与碳金融市场问题的思考[J]．中国新技术新产品，2010，3：214-215.
[64] 孙榕．工商银行:推动融资结构"绿色调整"[J]．中国金融家，2018(07):61-62.
[65] 谭玫瑰．商业银行绿色信贷产品研究[D]．长沙:中南大学，2012.
[66] 唐才富,涂云军,代丽梅,等．CCER林业碳汇项目开发现状及建议[J]．四川林业科技,2017,38(04):115-119+146.
[67] 王倩，李通，王译兴．中国碳金融的发展策略与路径分析[J]．社会科学辑刊，2018（3）：147-151.
[68] 王文硕．山东设立百亿元绿色发展基金[N]．中国环境报,2018-07-25.
[69] 王小翠．我国碳金融市场的SWOT研究[J]．统计与决策，2018（5）：40.
[70] 王小江．绿色金融关系论[M]．北京:人民出版社,2017.
[71] 王小江．我国银行业绿色信贷信息披露研究[D]．石家庄:河北经贸大学，2018
[72] 王扬雷，王曼莹．我国碳金融交易市场发展展望[J]．经济纵横，2015（9）：88-90.
[73] 王瑶,罗谭晓思．中国绿色金融发展报告(2018)[M]．北京:清华大学出版社,2018.
[74] 王振洲．我国绿色信贷发展历程及实践[J]．时代金融，2018，717(35):397-398，402.
[75] 危小禁．强制性环境侵权责任保险制度研究[D]．海口:海南大学,2014.
[76] 魏维,郭红玉,梁斯．德国复兴信贷银行的发展及对国家开发银行的启示[J]．金融理论与实践,2016(06):92-96.
[77] 翁清云，刘丽巍．我国商业银行碳金融实践的现状评价与发展对策[J]．金融论坛，2010，1.
[78] 我国碳交易市场的调查与思考[N].经济参考报,2009.09
[79] 夏文颉．日本社会责任投资的发展现状考察与分析[D]．上海:上海外国语大学,2013.
[80] 兴业银行．可持续发展报告[R/OL]．https://www.cib.com.cn/cn/aboutCIB/social/report/index.html.
[81] 兴业银行绿色金融编写组．寓义于利——商业银行绿色金融探索与实践[M]．北京:中国金融出版社,2018.
[82] 兴业银行．绿色金融产品与案例[EB/OL].https://www.cib.com.cn/cn/aboutCIB/social/product.html.
[83] 薛莎莎．我国碳金融市场规范发展研究[D]．济南:山东财经大学,2015.
[84] 严湘陶．对构建我国绿色保险制度的探讨[J]．保险研究,2009(10):51-55.
[85] 杨志，盛普．低碳经济背景下中国商业银行面临的机遇与挑战[J]．社会科学辑刊，2018（3）：143-146.
[86] 叶燕斐,李晓文．构建中国绿色信贷政策制度体系[J]．中国银行业．2014(Z1)：70-74.
[87] 易巍．我国碳金融市场制度变迁的路径选择[J]．金融经济，2015（02）.
[88] 尹应凯，崔茂中．国际碳金融体系构建中的"中国方案"研究[J]．国际金融研究，2010，12：59-66.
[89] 于飞．浅谈"绿色信贷"与环境风险管理[J]．经营管理者．2008(9X)：73-76.
[90] 于同申，张欣潮，马玉荣．中国构建碳交易市场的必要性及发展战略[J]．社会科学辑刊，2018（2）：90-94.
[91] 曾刚,万志宏．商业银行绿色金融实践[M]．北京:经济管理出版社,2016.
[92] 张攀红，许传华，胡悦，等．碳金融市场发展的国外实践及启示[J]．湖北经济学院学报，2017，15(3)：45-51.

[93] 张珊珊,徐芝兰. 我国环境责任保险制度模式选择[J]. 华北金融,2011(2):39-41.

[94] 赵丽红,袁惠爱,韦林珍. 基于国际经验的我国绿色投资基金发展[J]. 改革与战略,2017,33(08):196-199.

[95] 赵昕, 朱连磊, 丁黎黎. 碳金融市场发展的演化博弈均衡及其影响因素分析[J]. 中央财经大学学报, 2018(3): 76-86.

[96] 中国工商银行. 社会责任报告[R/OL]. http://www.icbc-ltd.com/ICBCLtd/%e7%a4%be%e4%bc%9a%e8%b4%a3%e4%bb%bb/%e4%bc%81%e4%b8%9a%e7%a4%be%e4%bc%9a%e8%b4%a3%e4%bb%bb/2017%e5%b9%b4%e5%ba%a6/.

[97] 中国建设银行. 社会责任报告[R/OL]. http://group1.ccb.com/cn/ccbtoday/common/include/report.html.

[98] 中国建设银行. "四轮驱动"推进绿色金融发展[EB/OL]. [2017-10-23]. http://www.ccb.com/cn/ccbtoday/news/20171023_1508724476.html.

[99] 中国银监会统计部,世界自然基金会(WWF)北京代表处和普华永道. 中国银行业金融机构可持续绩效表现的国际比较研究. 2013.

[100] 中国银行业监督管理委员会. 绿色信贷实施情况关键评价指标[EB/OL]. [2014-12-09]. http://www.cbrc.gov.cn/chinese/home/docDOC_ReadView/FC5E38D62BE54E3D836E441D6FC2442F.html.

[101] 中国银行业监督管理委员会. 绿色信贷指引[EB/OL]. [2012-02-12]. http://www.cbrc.gov.cn/chinese/home/docDOC_ReadView/127DE230BC31468B9329EFB01AF78BD4.html.

[102] The Forum for Sustainable and Responsible Investment. Report on US Sustainable, Responsible and Impact Investing Trends[R/OL]. [2018-10-31]. https://www.ussif.org/.

[103] JadeDusser, The European Green Funds Market 2018[R/OL]. [2018-04]. https://www.novethic.com/sustainable-finance-research.html? no_cache=1.

[104] Japan Sustainable Investment Forum. White Paper on Sustainable Investment in Japan 2017[R/OL].[2018-3-31]. http://www.jsif.jp.net/english.

[105] Kohei Soga. Scale of ESG Investment in Japan[R/OL]. [2016-02]. http://www.nikko-research.co.jp/en/wp-content/uploads/sites/2/2016/04/ResearchReport201604E.pdf.